"十三五"国家重点出版物出版规划项目

丛书主编　田如森

筑梦科技

航 天 篇

卫星巡天

孙宏金　编著

科学普及出版社

·北 京·

图书在版编目（CIP）数据

卫星巡天 / 孙宏金编著. -- 北京：科学普及出版社，2019.9
（筑梦科技 / 田如森主编 . 航天篇）
ISBN 978-7-110-09635-2

Ⅰ．①卫… Ⅱ．①孙… Ⅲ．①人造卫星－青少年读物
Ⅳ．①V474-49

中国版本图书馆CIP数据核字（2017）第174969号

策划编辑　许　慧　李　红　张秀智
责任编辑　李双北
责任校对　邓雪梅
责任印制　李晓霖
装帧设计　北京高博特广告有限公司

出　　版　科学普及出版社
发　　行　中国科学技术出版社有限公司发行部
地　　址　北京市海淀区中关村南大街16号
邮　　编　100081
发行电话　010-62173865
传　　真　010-62173081
网　　址　http://www.cspbooks.com.cn

开　　本　787mm×1092mm　1/16
字　　数　165千字
印　　张　7.25
版　　次　2019年9月第1版
印　　次　2019年9月第1次印刷
印　　刷　北京博海升彩色印刷有限公司
书　　号　ISBN 978-7-110-09635-2/V·40
定　　价　49.00元

《筑梦科技·航天篇》编委会

前　言

航天技术的诞生，是人类社会 20 世纪最伟大的技术成果之一。

著名科学家钱学森认为，人类冲出地球大气层，进入宇宙空间活动，即宇宙航行，其历程可分为两个阶段：第一阶段为航天，就是在可感知的地球大气层以外、太阳系范围以内的航行及有关活动；第二阶段为航宇，就是冲出太阳系，到银河系甚至河外星系的恒星际空间去航行和进行有关活动。经过 60 多年的发展，人类发射了对地观测卫星、通信卫星、导航卫星和宇宙飞船等航天器，甚至把航天员送入近地轨道和月球，航天技术实现了重大突破，但都还是在地球大气层以外、太阳系范围以内运行，因此，还处于航天阶段，也就是初级阶段。人类的最终目标是到太阳系、银河系，甚至河外星系的恒星际空间去探索和考察，这个目标需要随科学技术的发展而实现。航天和航宇，不仅概念不同，其科学内涵也极其不同。正如钱学森所指出的，要实现航宇的理想，人类的科学技术还需要有几次大的飞跃。

自 1957 年苏联成功发射人类第一颗人造卫星以来，应用卫星是各类航天器中发展最迅速、最活跃的一种。20 世纪 70 年代以来，随着航天技术的快速发展，应用卫星研制水平的不断提高，种类越来越多，功能越来越全，应用领域越来越广泛，已经成为探索未知世界、促进经济发展、服务日常生活不可或缺的工具。同时，由各类军事卫星构成的航天装备系统在现代局部战争中的成功应用，正在改变现代战争的作战理论和方式。航天器技术对于全面提升国家的经济、军事、科技、文化等领域的水平和实力，具有巨大的推动作用，空间实力是国家地位和综合国力的象征。

我国自 1970 年成功发射第一颗人造卫星东方红一号以来，应用卫星研制技术大体上经历了 20 世纪 70 年代的探索和试验阶段，80 年代的发展和扩大应用阶段，90 年代开始进入全面应用阶段。我国研制的返回式遥感卫星、通信卫星、气象卫星、地球资源卫星、导航卫星和海洋卫星等多种应用卫星在经济建设、国防建设、科学实验及研究等各个领域发挥了重要作用，成为经济社会发展和科技进步的"助推器"，中国航天正在由航天大国向航天强国阔步迈进，航天技术的发展已成为实现中华民族伟大复兴中国梦的重要标志。

外层空间将进一步成为国家安全和国家利益的重心。能否进入外层空间、利用外层空间和在一定范围内控制外层空间，将直接关系到一个国家在 21 世纪国际舞台上的政治地位。有专家预言，21 世纪国家对空间能力的依赖就像 19 世纪和 20 世纪工业的生存与发展对电力和石油的依赖一样。同时，人类的生活也将越来越多地依赖应用卫星。本书粗线条地介绍了各类应用卫星的发展历程、成果和服务人类社会所取得的成就，希望读者能从中领略航天器技术发展的魅力和风采。

孙宏金

2018 年 11 月

CONTENTS
目录

人造卫星造福人类

银河浩瀚，星海璀璨。仰望深邃的夜空，点点繁星给人们无穷的遐想，自从人类生活在这个地球以来，地球以外那神秘的宇宙，深深地吸引着人类的目光，认识宇宙、探索宇宙秘密的努力从未间断过。

　　星际航行的奠基人齐奥尔科夫斯基说过，地球是人类的摇篮，但人类不会永远生活在摇篮里。他们不断地争取着生存的世界和空间，起初小心翼翼地穿出大气层，然后就是征服整个太阳系。

　　20 世纪中叶，一项改变人类命运的技术诞生了，它就是航天技术。继陆地、海洋、天空之后，航天技术把地球文明推向高远浩瀚的宇宙。它不仅使人类飞向了高远深邃的广袤太空，还把人类送到另一个星球，让人类站在另一个星球上来观察我们的生身之母——地球。

　　人类生存与发展的强烈愿望和经济社会的广泛需求，以及科学技术的进步，推动了航天技术的迅猛发展，并取得了重大的科技和应用成果，航天技术是 20 世纪公认的、发展最快和取得成就最大的科技领域之一，而应用卫星则是航天技术发展皇冠上的璀璨的明珠，高悬于天宇的人造卫星带来人类社会划时代的革命，把人类带入更加多彩多姿的明天！

冥王星

海王星

天王星

火星

水星

太阳

金星

木星

地球

太阳系家族

"太空"指的是哪里

　　早先，人类只能在陆地和海洋里活动，20 世纪初有了飞机以后，人类又可以乘着飞机飞到空中活动，但这些活动都是在大气层以内进行的。20 世纪 50 年代航天技术诞生后，人类的活动范围扩展到大气层以外的广阔太空。由于大气层里的空气密度是逐渐变化的，越往高处空气越稀薄，但究竟到多高就没有大气了，并没有一个确切的尺度，也就是说没有一个明显的上限。按照距地球高度划分，通常把距地球 100 千米以下的大气层称为稠密大气层，也称为大气环境；把距地球 100～150 千米广阔的区域称为太空，又称外层空间、宇宙空间，简称空间。还有的科学家认为，应该把大气层以外太阳系以内的空间叫作天，太阳系以外的空间（银河系）叫作宇宙。

土星

太空中的环境与地球环境是完全不一样的，太空环境具有以下特点：

高真空：太空中几乎没有空气，大气密度和大气压力接近于零，因此，也就没有人和生物生存所必需的氧气。

超低温和超高温：太空环境温度接近零下200多摄氏度，但物体在太空中受太阳照射面的温度可能高达零上100多摄氏度。

强辐射：太空中存在着来自太阳和遥远天体发射的各种射线以及带电或不带电的粒子辐射，这些辐射对人体、生物和电子设备都有破坏作用。

超洁净：没有灰尘，也没有细菌。

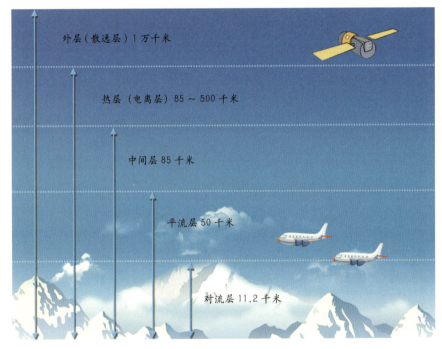

外层（散逸层）1万千米

热层（电离层）85～500千米

中间层 85千米

平流层 50千米

对流层 11.2千米

空间大气圈分层示意图

宇宙螺旋星团

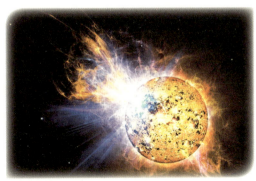

太阳宇宙辐射线

太空中有资源吗？太空资源会枯竭吗

我们知道，资源是人类生存、社会发展的基础。那么，什么是资源呢？

按照我们通常的理解，资源是那些看得见、摸得着的有形的物质。其实不是这样的。人类进入了外层空间后，对许多未知领域的认识产生了跨越，其中，资源观念认识上的变化就是这些跨越中的一个。人类进入太空后，资源已由最初的具有某种形态的物质，扩展为某种环境和条件。比如，高远的位置、空间微重力环境、强宇宙粒子射线辐射和高真空环境等，就是这种地面所不具备的、看不到、摸不到甚至也感觉不到的极其宝贵的环境资源。太空资源一个显著的特征就是没有国界，没有归属，取之不尽，用之不竭。仅就地球引力和人造地球卫星作用范围这一外层空间领域看，现已探明可供利用和开发的空间资源大致有：卫星相对于地球表面的高远位置资源；高真空和高洁净资源；微重力环境资源；太阳能资源；强宇宙粒子射线资源；月球及其他行星资源。科学家认为，这些资源在地球上无法找到，非常丰富和有利用价值，对其中任何一项资源进行开发和利用，都会给人类带来巨大的利益。

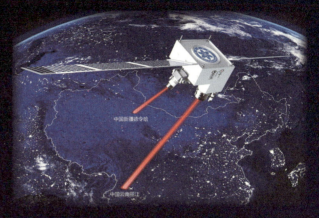

世界首颗量子通信科学实验卫星——墨子号

失重状态下的航天员

在太空站服务舱上进行植物生长试验

未来外层空间开发基地想象图

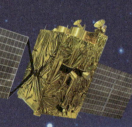

中国高分卫星

中国返回式科学实验卫星

中国海洋卫星

东方红二号卫星

中国资源一号卫星

中国首颗卫星东方红一号

人造卫星分为几大类？有什么用途

人造卫星分为人造地球卫星和深空探测器。人造地球卫星指环绕地球飞行的无人航天器；深空探测器指远离地球或脱离地球引力的无人航天器。人造卫星按其类别可以分为对地观测卫星、通信广播卫星、导航定位卫星和科学实验卫星；按用途可分为通信卫星、气象卫星、导航卫星、测地卫星、地球资源卫星、侦察卫星等；按其服务领域又可分为军用卫星和民用卫星等。

生活在现今的人类，已经离不开人造卫星了。也许你不相信，那咱们就来看一看。从早晨起床开始，从被手机铃声叫醒到打开电视看新闻，从打开手机看朋友圈，到准备上班考虑穿什么衣服而看一看天气预报；从坐在车里打开导航看路况，到打电话；从走进办公室打开计算机看新闻，到通过互联网处理业务，这些都离不开卫星。还有，商业活动、交通调度、医疗教育、工农业生产、捕鱼放牧、探险考察、环境监测等，都离不开卫星。总之，应用卫星已经渗透到我们日常生活的方方面面，并且正在改变着我们的生活方式，如果一下子没有卫星了，人类不知道将怎样生活，社会不知道将会是什么样子。

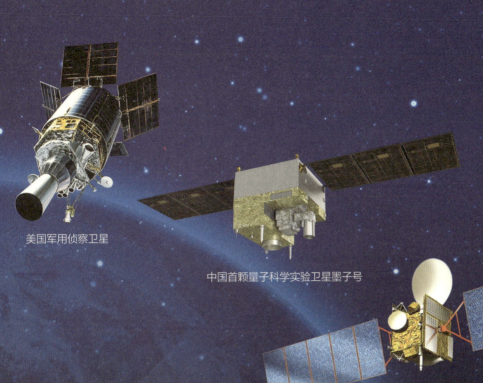

美国军用侦察卫星

中国首颗量子科学实验卫星墨子号

中国导航通信卫星

中国风云一号气象卫星

欧洲伽利略导航卫星

　　人们高兴地看到，在短短几十年内，随着各类应用卫星、载人飞船和航天飞机的发射，空间资源开发及应用取得了累累硕果。当今，航天器技术的发展和空间资源的利用，已成为一个国家综合国力和科学技术发展水平的重要标志。

　　迄今为止，航天器相对于地球表面的高远位置资源的开发和利用最为广泛，加速了人类社会的发展和科学技术的现代化，并成为现代社会重要的新兴生产力。国内外研究资料表明，应用卫星的投资效益比可达 1:14 ～ 1:17。

人造卫星为什么能绕地球飞个不停

我们知道，在地面向天上扔一块石头，石头很快就会掉下来，这是因为石头的移动速度太慢，被地球引力给吸引了下来。物体需要有一定的速度，才能冲破地球引力的吸引飞出地球，到广阔的宇宙空间飞行，成为地球的卫星。那么，地球上的物体需要多大的速度，才能克服地球引力的束缚，成为绕地球飞行的卫星呢？科学家研究后发现，这个速度与地球和这个物体的质量成正比，与它们之间的距离的平方成反比，这个距离以物体到地心的距离计算。由于地球质量是一定的，经过数学推导，这个速度实际上可以由地球表面的重力加速度、地球的半径和物体到地心的距离算出。

物体脱离地球引力的束缚而绕地球运行，成为地球的人造卫星的速度，被称为"第一宇宙速度"。如果物体在地球表面上，在不考虑空气阻力的情况下，这个速度为 7.91 千米／秒，离地心越远，这个速度的数值就越小一些。由于物体具备了这个速度，就可以冲出地球，围绕地球飞行，所以这个速度也叫"环绕速度"。

物体脱离地球引力的束缚而绕太阳运行，成为太阳的人造卫星的速度，被称为"第二宇宙速度"。在不考虑空气阻力的情况下，这个速度为 11.2 千米／秒。由于物体具有这个速度就可以逃离地球，所以这个速度又叫"逃逸速度"。

地球上的物体脱离太阳引力的束缚，逃离太阳系的速度称为"第三宇宙速度"。在不考虑空气阻力的情况下，这个速度为 16.7 千米／秒。

把人造卫星、载人飞船、空间探测器等航天器送到太空中预定轨道上的火箭，必须采用多级火箭，常用的运载火箭大都为2级或3级。火箭由箭体结构、动力装置和控制系统等构成。运载火箭不需要依赖空气中的氧气，而靠自己携带的氧化剂帮助燃料燃烧，所以，即使在没有空气的太空中，它也照样能燃烧，产生强大的推力，推动卫星前进。

为什么人造地球卫星不需要借助任何外力，在太空中可以在同一条轨道上绕地球不停地旋转呢？这是因为宇宙中的物体有一个特性，如果没有外力的作用，运动的永远运动，静止的永远静止，这通常叫作惯性。

在运载火箭的推动下，卫星达到第一宇宙速度后，它的离心力大于地球的引力而冲出地球，成为绕地球运行的卫星。此时，由于惯性的作用，卫星不再需要外来动力，而继续绕地球飞行。同时，由于卫星还没有完全摆脱地球引力的作用，因此，在地球引力的牵引下，卫星绕地球做圆周运动。简单来说，就是当卫星在做圆周运动时所产生的离心惯性，与地球对它的引力相等时，卫星就不停地围绕地球运动，而不会跑掉。

人造卫星在太空中飞行为什么不会很快掉下来呢？我们知道，要使物体做圆周运动，必须具备两个条件：一是物体本身具有速度，二是要有一个向心力。这是因为物体在已有的速度下做圆周运动时，会产生离心加速度，即离心惯性，也称离心力，只有受到一个大小相等、方向相反的向心力的作用，才能继续做圆周运动。

地球引力的作用范围大约是以地心为中心、半径约93万千米的球型，人造地球卫星只要在距离地球中心93万千米以下环绕地球飞行，就始终在地球引力的作用下。它不掉下来，并不是因为地球引力等于零，也不是因为它摆脱了地球引力，而是因为地球是圆球形，卫星飞行速度很快，来不及被地球吸引到地面上就飞过去了。所以，人造卫星才不会掉下来，一直不停地运行到离心力的消失。

离地球几百千米的低轨道上仍然有稀薄的大气，由于空气阻力和其他原因，在轨道上运行的人造卫星的速度会逐渐降低，地球对它的引力也逐渐大于卫星的离心惯性，所以，人造卫星最终也会慢慢地下落，当然，这需要很长的时间。在这里需要说明的是，卫星在进入大气层后，与空气产生剧烈的摩擦而被烧毁，像一个大火球一样，逐渐地解体，成为许多碎片，绝大多数碎片被烧毁，所以，人们大可不必担心卫星掉下来会砸到脑袋上。

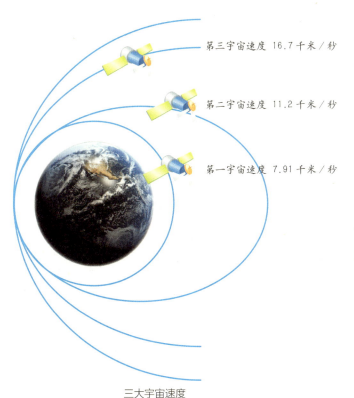

第三宇宙速度 16.7 千米／秒

第二宇宙速度 11.2 千米／秒

第一宇宙速度 7.91 千米／秒

三大宇宙速度

如果运载火箭给予卫星的速度过小，达不到第一宇宙速度，这个时候即使卫星已经发射到太空中，也无法进入预定的轨道绕地球飞行，最终，它将在地球引力的作用下，沿着一条抛物线轨迹落向地面，这叫亚轨道飞行。

如果火箭给予卫星的速度稍大于第一宇宙速度，它的离心惯性大于地球给它的引力，就会进入一条椭圆形轨道，绕地球飞行，越接近第二宇宙速度，椭圆形轨迹越长；如果速度达到第二宇宙速度，地球的引力再也拉不住它的时候，它就会挣脱地球的引力飞离地球；如果达到第三宇宙速度，它就会飞出太阳系。

中国返回式科学实验卫星在技术厂房

院士小传

杨嘉墀，1919 年生于江苏，"两弹一星"功勋科学家，"863"计划倡导者之一。中国科学院院士。

上海交通大学毕业后，赴美国哈佛大学攻读博士学位。1956 年 8 月，在美国已经拥有多项发明专利，生活优越的杨嘉墀，毅然放弃在美国的优厚待遇和事业，变卖家中的一切，购买了祖国科技事业需要的仪器，返回祖国，加入"向科学进军"的行列。

杨嘉墀参与了我国第一颗原子弹的爆炸试验，主持开展的导弹热应力和加热加载测试系统填补了国内的空白；他主持了返回式卫星姿态控制系统的研制，实现了我国返回式卫星首次发射成功并返回的佳绩，使我国返回式卫星回收成功率达 97%，作为我国第一个投入应用的航天型号，在国防和国民经济建设中发挥了重要作用。

"站在时代和国家发展的前沿，谋划国家的未来，是科学家的责任"。在国家和中国航天事业发展的每一个关键时刻，杨嘉墀都会高瞻远瞩地及时提出重大建议，给我国科学事业以强大的推动。比如"863 计划"和关于促进北斗导航系统应用的建议等。同时，他参与了对国家安全、人类幸福具有重大影响的所有重大科技成果的研究开发，从原子弹、导弹到人造卫星，从月球探测工程到促进北斗导航系统应用的建设。

链 接

人造卫星

我们把在地球大气层以外的宇宙空间（太空）按一定轨道飞行，执行探索、开发和利用太空及天体等特定任务的人造物体（如人造卫星、载人飞船、空间站和空间探测器等）称为航天器或空间飞行器，也叫人造卫星。英语将围绕行星运行的卫星叫"satellite"，它的原意是"仆人"，就是取仆人总是围绕主人转的意思。围绕地球运行的航天器叫人造地球卫星，以此类推，围绕月球运行的航天器叫人造月球卫星，围绕火星运行的航天器叫人造火星卫星，等等。人造卫星是一种应用当代最新技术成果、高度自动化、在太空中运行的航天器。

航空与航天

在现实生活中，许多人常常把航空和航天混为一谈，其实，这两个词的概念和含义是完全不同的。

航空，是指人类在大气层内的飞行及有关的活动。例如，飞机、飞艇、热气球等航空器都是在大气层内飞行，所以被称为航空。

航天，从小的范围来说，是指人类在大气层外的宇宙空间（太空）的飞行及有关的活动，例如，人造卫星、载人飞船、空间探测器等航天器的飞行。从大的范围来说，航天是指人类进入、探索、开发和利用太空的活动。就广义范围而言，航天既包括环绕地球大气层的运行、飞往月球或其他行星的航行、行星际空间的航行，也包括飞出太阳系的航行。

现在，借助现代火箭，人类把人造地球卫星送入太空，为我所用；把航天员送到太空和遥远的月球，进行科学探测和研究；把各类探测器送到更为遥远的宇宙深处，探测广阔的宇宙空间和地外文明，航天技术正把人类带入广阔的宇宙空间。

卫星代表了最新高科技成果

卫星技术是当代科学技术的集大成者，它集中应用了力学、热力学、材料学、电子技术、自动控制、喷气推进、计算机、真空技术、制造工艺等人类最新技术成果，是当代科学技术诸多领域最新成果与当代传统加工工业最新成果的最完美的结合，是一个名副其实的高科技系统或产品。有了科学技术的发展，才有了人造卫星，而人造卫星技术的发展，又反过来推动了科学技术的进步。

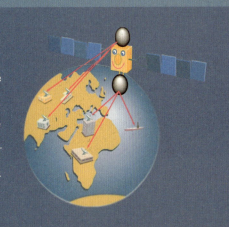

卫星飞天路在何方

地面上的汽车总是要有路才能行驶，没有路寸步难行。天上没有路，人造卫星在太空中飞行，是不是就可以横冲直撞了呢？也不是的。实际上，太空中也有一条人们看不见供人造卫星运行的路，这条路就是人造卫星在太空中运行的轨道。那么，什么是卫星的轨道？卫星有几种轨道？为什么要选择这些轨道？

所谓卫星的轨道，就是人造卫星在太空中沿着地球运行所形成的轨迹。这是一条封闭的曲线。运载火箭把卫星送入太空后，卫星在太空中并不是自由自在地游荡，它是靠着惯性绕地球飞行的，所以它的飞行路线是不变的。

航天专家根据卫星所担负任务的不同，给卫星设计了多种运行轨道。按形状，一般可分为圆轨道和椭圆轨道。按卫星距离地球的高度，一般可分为低、中、高轨道：低轨道卫星，其轨道高度为500千米以下；中轨道卫星，其轨道高度为500～2000千米；高轨道卫星：其轨道高度在2000千米以上。

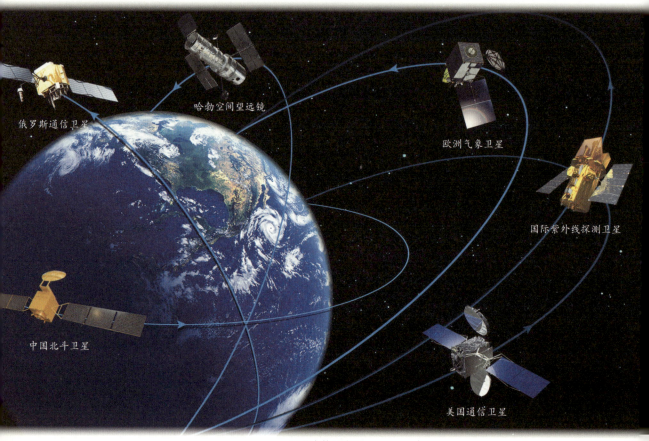

卫星在轨示意图

另外，根据特殊的要求，可以把卫星进行组网，形成星座。如导航定位卫星系统，就是由几十颗卫星组成星座，在多个轨道面上运行的。

按卫星运行方向，与地球自转方向相同的轨道叫顺行轨道，与地球自转方向相反的轨道叫逆行轨道。在地球赤道上空绕地球飞行的轨道叫赤道轨道，通过地球南北两极飞行的轨道叫极轨道。这中间还有一些特殊的轨道，如地球同步轨道、地球静止轨道和太阳同步轨道。

当卫星轨道高度为35786千米时，卫星运行周期与地球自转周期相等，这种卫星轨道叫地球同步轨道；如果地球同步轨道的倾角为零，则卫星正好位于赤道上空，卫星在这一轨道上运动速度为3.07千米/秒，绕地轴转动的角速度和地球自转的角速度相等，在地面看来卫星是静止不动的，这样的轨道为地球静止轨道。静止轨道是地球同步轨道的特例，地球静止轨道只有一条。地球静止轨道上的卫星可以始终对准一个地区，一颗卫星可覆盖地球1/3以上的面积。

轨道平面绕地球自转轴旋转的方向和速度与地球绕太阳公转的方向和平均速度相同的人造卫星轨道叫太阳同步轨道。在太阳同步轨道上运行的卫星，在同一方向经过同一纬度的当地时间是相同的，因此，可以通过选择适当的发射时间，使卫星经过一些地区时，这些地区始终处在较好的太阳光照条件下，这时卫星观测或拍摄到的地面目标图像最清晰。极轨气象卫星、地球资源卫星、海洋卫星、成像侦察卫星等对地观测卫星大都采用这种轨道。

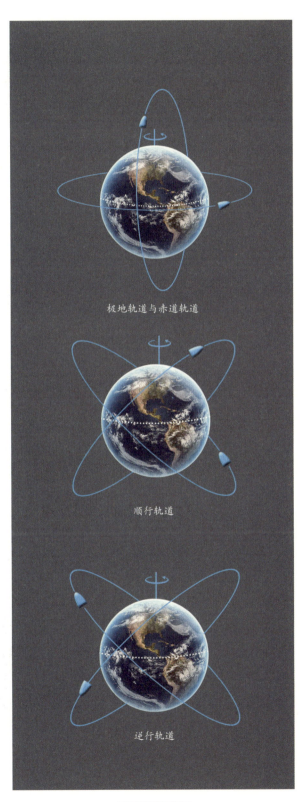

极地轨道与赤道轨道

顺行轨道

逆行轨道

卫星轨道示意图

在各类应用卫星运行轨道中，用得最多的是圆轨道。因为圆轨道上运行的卫星速度是均匀的，高度也是一定的，非常有利于完成各种特定的任务。不过，也有运用椭圆轨道的卫星，比如，俄罗斯靠近北极，发射沿赤道运行的卫星，北端就看不到，因此，只能利用椭圆轨道，由于椭圆轨道离地球越近的地方飞得越快，而离地球越远的地方飞得越慢，因此，让卫星远地点处于北极上空，就可以长时间观察到俄罗斯这一地区了。

总之，人造卫星选择什么轨道，是由它所担负的任务所决定的，而这种轨道一旦选择就终身不变，直到卫星寿命的完结。

卫星为什么要选择这么多的轨道呢？这是因为只有选择不同轨道的卫星，才能满足不同的需要。例如，地球资源卫星和对地侦察卫星，只有选择尽量离地面近一点的低轨道，并且是圆轨道，图像才清晰；有的气象卫星需要一天对全球各地观测几次，需要采用极轨道；通信卫星一般采用地球同步轨道和静止轨道，使天线始终指向地球特定的区域，以确保地面接收通信信号更方便。

东方红二号卫星在整流罩中

那么，能不能用一颗卫星完成多种任务呢？当然可以，不过，完成不同的任务需要不同的仪器设备，一颗卫星不可能装载那么多仪器设备，同时，不同的任务需要不同的轨道，要改变轨道，就需要动力，这样卫星就需要装载改变轨道的动力装置和燃料，这样一来，卫星不仅非常复杂，而且质量也太重，既影响卫星的可靠性，也给发射带来不便，一旦卫星发射失败或者在太空中发生故障，损失也是很大的。因此，目前大多数卫星都只承担单一的任务，只有少数卫星承担综合性任务。比如，轨道和任务性质要求比较接近，携带的探测器中不少是可以通用的气象卫星和地球观测卫星等。

北斗卫星在轨运行图

院士小传

闵桂荣，福建莆田人。中国科学院院士、中国工程院院士，国家"863计划"航天领域首席科学家，返回式卫星总设计师。

"航天技术研究来不得半点虚假，必须深抠细究"是他的座右铭。在几十年的航天生涯中，他主持过多颗卫星的研制工作，其间领导研究并攻克了多项卫星热控制关键技术，设计了我国多颗卫星的热控制系统。

向来以严谨著称的闵桂荣出版过多部学术专著、发表过数十篇在国内外有很大影响的论文，是国内外著名的热物理学专家。早在三十多年前，他的学术研究活动和成果就受到了国际宇航界的高度关注。改革开放后，他是第一个在国际学术会议上发表论文的中国航天专家，他的论文在当时曾引起不小的轰动，他的名字和贡献被载入《当代中国》航天卷。

如何控制人造地球卫星的行踪

人造卫星在无边无际的宇宙空间穿梭，怎样让它很听话地按照我们的愿望运行呢？

对人造卫星的掌控不能等它到天上以后才开始，而是从发射的时候就开始了。发射阶段科技人员主要掌握卫星脱离火箭，进入轨道的速度、位置和状态。在卫星飞完第一圈，开始第二圈飞行时，地面要精确掌握它的轨道数据，在以后的飞行中，由于受各种环境的影响，卫星的轨道会逐渐发生变化，因此，要不断测算卫星的运行轨道，指挥卫星不断修正轨道，对卫星上的仪器设备的工作状态也要不断进行测量、分析和处理。

那么，怎样与卫星联系，跟踪它的行踪呢？在发射的时候，用光学仪器进行跟踪。当卫星和火箭分离卫星，进入轨道后，一般用无线电进行跟踪。无线电跟踪的方法有两种：一是雷达跟踪，就是用雷达向卫星发射无线电脉冲信号，卫星上的应答机接收到信号后，经过放大，再发回地面；二是多普勒跟踪，就是在卫星上安装一台无线电信标机，它通过天线不断发射无线电波，与地面站或跟踪卫星进行联系。

那么，怎样知道卫星在空间的位置和测量它的轨道呢？根据几何学原理，要测量空中一点的位置，只要知道它与测量点的连线与地平线的夹角（仰角）和方位，以及水平距离或测量点与空间点的距离，就可以计算出来。由于卫星与测量站随时都有无线电联系，因此，卫星的仰角、方位及与测量站的距离都是已知的。这样可以算出卫星每一时刻在空中的位置，把这些位置连起来，就是卫星飞行的轨道。实际上，卫星的轨道测量，是测量它与测量站之间的仰角、距离和相对速度，把瞬间的测量值与准确的测量时刻记录下来，就可以定出卫星的轨道。

相对速度可以通过多普勒效应测出来。什么是多普勒效应呢？举个例子，我们站在铁路旁听火车鸣笛，随着火车由远而近，汽笛越来越尖锐刺耳，那是因为声波频率不断增高，波长越来越短造成的；远离而去的火车，汽笛声越来越低沉，那是声波频率越来越小，波长越来越长造成的。其实，火车汽笛声的频率和波长是不变的，我们听起来的变化是火车与我们的相对运动造成的，这就是多普勒效应。无线电波也有多普勒效应。因此，用无线电对卫星跟踪，通过电波频率的变化，就可以算出卫星相对地面的飞行速度了。

卫星测控中心

卫星信号接收车

卫星信号接收天线

远望号测量船

人造地球卫星的"长相"和"五脏六腑"什么样

人造地球卫星从外表来看样子长得"千奇百怪"，有的是方形，有的是长方形，还有的是圆柱形，表面上有各种天线和遥感探测器，特别引人注目的是有的还长着长长的"翅膀"，也就是为卫星提供电能的太阳帆板，也叫太阳翼。

卫星不仅外部样子长得不一样，"五脏六腑"也是不一样的。人造卫星内部采用什么结构，是根据不同任务来确定的。尽管各类卫星的用途不同，但是它们的内部结构都是由公用系统（公用平台和专用系统）和有效载荷两大部分组成。

公用系统是卫星的基本结构，公用系统是指不管卫星担负什么任务，都有基本不变的部分，比如，所有卫星上都必须有承载各种设备的结构系统、热控制系统、推进系统、姿态和轨道控制系统、数据管理系统、无线电测控系统、电源系统等，对返回式卫星来说，还必须有回收设备等。这就是公用平台部分，有了这个平台，在上面安装不同的有效载荷，就构成有不同用途的卫星了。

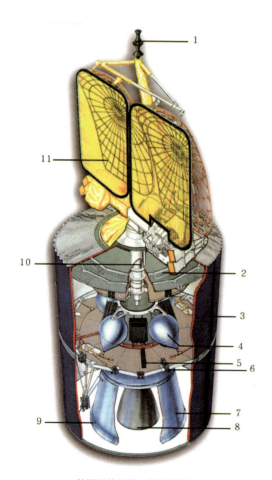

美国通信卫星一号结构图

1. 遥测和指令天线，用于发射卫星数据和接收地面指令
2. 电子仪器舱，内有通信接收机、放大器和接收机
3. 太阳能电池帆板，每分钟自旋转60转以获得旋转稳定，表面覆盖太阳能电池帆板，从阳光中获取电能
4. 定位和定向系统
5. 蓄电池组，储存太阳能电池产生的电能。当卫星进入地阴时给卫星供电
6. 太阳和地球敏感器，使卫星保持固定位置的基准装置
7. 助推器结合器
8. 远地点发动机，在卫星与运载火箭分离后，将卫星推到同步轨道
9. 轴向喷管
10. 支轴和动力传动装置，因为必须保持天线指向地球，所以支轴安装在旋筒与不旋转的顶部之间
11. 通信天线，接收和发射通信信号，备有相同频率使用两次的水平和垂直极化扫描器，使卫星有效容增加2倍

东方红二号卫星在轨示意图

结构系统。卫星结构系统是整个卫星的承力骨架，作用是保证卫星有适当的强度和刚度，有一定的外形和容积。结构系统由隔框、桁条、蒙皮和横梁组成。横梁是安装仪器设备的基座，卫星上的主要承力构件都安装在横梁上。由于卫星发射中的加速和返回时候的减速产生的过载，大部分作用在横梁上，因此，卫星的结构材料不仅强度和刚度要高，要非常坚固，而且材质要轻，这样可以最大限度地减轻卫星的质量，同时，选用的材料要有良好的抗辐射和抗腐蚀性能。返回式卫星的返回舱还要有良好的防热结构和防热材料，能够在数千度的高温下不被烧毁或熔化。

热控制系统。当在轨道上运行的卫星正对着太阳时，太阳光直接照射到卫星星体上，太阳光的辐射热、地球反射太阳光的热和仪器设备产生的热，可能使卫星内部温度达到100℃以上；而当卫星进入地球阴影区，没有太阳光照射时，温度又会低达 -100℃。因此，必须有可靠的热控制系统来保证卫星内部维持适当的温度，使各种仪器设备能正常工作。目前，给卫星控制温度的方法通常采用被动式和主动式两种。被动式包括多层隔热材料隔热、涂层温控、热管温控、相变材料温控等。主动式温控包括百叶窗、电加热器和流体循环换热等。

姿态控制系统。卫星在轨道上运行，必须保持一定的姿态，比如遥感卫星上的遥感器和通信卫星上的天线必须始终保持对着地球，太阳望远镜必须始终对着太阳等，而空气阻力、地球重力的变化和卫星内部的运动机构产生的干扰力，都会使卫星姿态发生变化。返回式卫星在返回地面前，还必须调整姿态。姿态控制系统的作用就是使卫星保持一定的姿态。

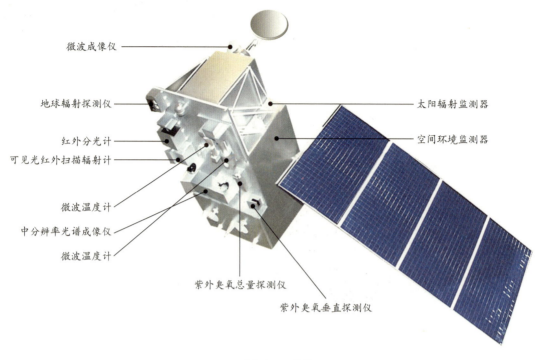

微波成像仪

地球辐射探测仪

红外分光计

可见光红外扫描辐射计

微波温度计

中分辨率光谱成像仪

微波温度计

太阳辐射监测器

空间环境监测器

紫外臭氧总量探测仪

紫外臭氧垂直探测仪

风云三号气象卫星结构图

　　电源系统。电源系统好比卫星的心脏，负责向卫星上所有需要用电的仪器设备供应养料——电能。绝大多数人造卫星都使用由太阳能电池和蓄电池组成的电源系统供电。卫星在运行中需要的电能是靠安装在卫星上的太阳帆板和蓄电池来提供的。太阳帆板受太阳光照射产生电能，这些电能除供应仪器设备使用外，还贮存一部分在蓄电池中，当卫星进入地球阴影区太阳照不到的时候，就由蓄电池向仪器设备供电。

　　无线电遥测、遥控和跟踪系统。卫星上的无线电遥测、遥控系统，是用来保证卫星与地面联系的。它把卫星的工作状态和成果报告给地面，同时，又接收地面的各种指令，指挥卫星工作。由于运载火箭不可能完全准确地把卫星送入预定的轨道，在轨道上运行的卫星受到各种干扰后，轨道还会发生变化，因此，卫星平台上还要有跟踪测轨系统，地面遥控站通过它测量出卫星的实际轨道，以便通过卫星上的动力装置，对卫星轨道偏差进行修正。修正卫星轨道的装置也叫轨道控制系统。

　　推进系统。推进系统是为控制卫星的姿态和轨道，产生控制力的反作用喷气系统。卫星的推进系统有两类，一类是以冷气为推进剂的冷气推进系统，冷气一般用氮气；另一类是使用化学推进剂，将推进剂分解或燃烧产生推力的热气系统。冷气推进系统结构比较简单，但比冲较小；热气推进系统比冲较高，但结构较复杂。热气推进系统又有单组元推进剂系统和双组元推进剂系统之分。单组元推进剂常用无水肼，双组元推进剂常用一甲基肼和四氧化二氮。

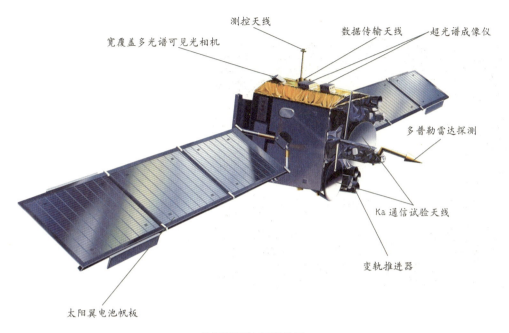

宽覆盖多光谱可见光相机　测控天线　数据传输天线　超光谱成像仪

多普勒雷达探测

Ka 通信试验天线

变轨推进器

太阳翼电池帆板

俄罗斯通信卫星结构图

专用系统指的是卫星为完成特定任务而配备的系统。专用系统是每一颗卫星所独有的，是根据卫星所承担任务的不同而确定的，承担不同任务的卫星其专用系统是不一样的。例如，承担对地遥感任务的卫星要有照相机，承担通信广播任务的通信卫星要有转发器，进行气象观测的气象卫星要有扫描辐射计等。

有效载荷按功能分为：①信息传输的有效载荷：通过天线和转发器进行遥感数据传输等；②信息获取的有效载荷：多波段扫描辐射计、多光谱 CCD 相机、可见光相机等；③信息发布的有效载荷：提供时间和空间基准、高稳定度的频标、时标和激光反射镜等。

人造地球卫星最早是为军事服务的，后来逐步"为民所用"。在人类已经发射升空的数千颗人造卫星中，应用卫星不仅数量占大多数，而且品种最全，用途也最为广泛，涉及人类社会和大众生活的方方面面。

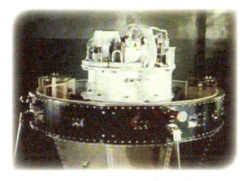

东方红一号卫星内部

实践一号卫星内部

太空垃圾

什么是太空垃圾？太空垃圾有什么危害

人类把一颗又一颗卫星送入太空，现在，又不得不为清除这些卫星产生的"太空垃圾"大伤脑筋。

太空垃圾（太空碎片）通常是指废弃了的火箭、卫星、火箭卫星的整流罩、推进剂储箱；航天器表面材料的脱落，如航天器表面涂层老化掉下来的油漆斑块；材料的逸出，如火箭燃料剩余的液滴、核动力源的冷却液；火箭和航天器爆炸、碰撞过程中产生的碎片，如被抛弃的火箭产生的碎片；载人航天活动中航天员掉落的工具、排泄物；一些细小的太空陨石颗粒等。

据有关资料统计，目前在人类已向太空发射的6000多颗各类航天器中，仍然在轨道上工作的有1000颗左右，2000多颗丧失功能已经变成太空垃圾在轨道上遨游，还有2000多颗已经解体不知去向。据地面观测和模型估计，目前，毫米级以上的空间碎片数以亿计，总重量达到几千吨；5～10厘米、地面望远镜和雷达能观测到的空间碎片在轨总数已超过一万个，它们几年、几十年甚至几百年地留在太空中，在日夜不停地围绕着地球飞行着，只能依靠它们在自然下落与大气的摩擦中自己解体，最后变成粉末自然消失。个别特别大的碎块，在与大气的摩擦中也没有办法燃烧干净，就会落到地球上。

太空碎片

由于太空垃圾以每秒几千米的速度在太空中飞行，所以尽管它们体积小，但如果与在轨运行的航天器相撞，也会对航天器构成损坏。据计算，一块以每秒 10 千米的速度在太空中飞行的碎片，和在空气中以 360 千米／时速度穿行一万倍重量的物体，具

美国研制的收集太空垃圾卫星想象图

有同样的破坏效果。因此，科学家认为，哪怕一个硬币大小的碎片，都可以把一颗卫星击毁，数毫米大小的碎片则能穿透载人航天器和卫星的结构，造成宇航员死亡或航天器内部设备失效。如果大型碎片掉到地球上来，还会带来严重的后果。如果是携带核燃料的航天器陨落到地球上，将造成核污染，给地球带来灾难性后果。

在前些年，俄罗斯"宇宙 1275"卫星就是与太空垃圾相撞后发生爆炸的，法国一颗名叫"樱桃"的军事卫星曾经被一块垃圾击中，而这块垃圾是 10 年前法国"阿里安"火箭爆炸后的碎片，这块碎片并没有直接击中卫星，而是击中了卫星的重力梯度杆，"樱桃"卫星被碎片击中后，因姿态失去控制而失效。

2009 年 2 月 9 日，美国铱星通信卫星系统星座的第 33 号卫星和俄罗斯已报废卫星"宇宙 2251"在太空中相撞，两颗卫星顿时化作两片碎片云，继续在轨道上游荡，产生了大量的太空垃圾，引起了国际社会的强烈反响。这些碎片会在今后几十年、几百年的时间里逐渐下落，像扫帚一样，在 800 千米以下的空间扫过，然后轨道逐渐衰减，直至在大气层里消失。由于距地球 800 千米高度左右的太阳同步轨道是一条太空的交通要道，在这个轨道高度上下放置的气象卫星、遥感卫星和移动通信卫星在整个应用卫星里数量最多，因此，这些垃圾威胁巨大，国外有专家估计，其影响和威胁可能持续几百年。

由于目前还没有既经济又可行的办法把太空垃圾回收到地球，也没有办法使它们在太空中马上消失，所以，太空垃圾给人类的航天活动带来了极大的威胁。

十几年来，一些国家相继采取积极的措施在建立太空垃圾跟踪站，日夜不停地进行监测。在对太空垃圾提前预警的同时，其他减少太空垃圾的相关工作也取得了积极的进展。例如，过去运载火箭把航天器送入太空后，运载火箭的末级将随燃料箱一起进入空间轨道，由于运载火箭的末级还有剩余燃料，将会发生爆炸，从而产生大量的碎片。现在，根据有关规定，一些航天国家在进行航天发射后，采取措施将剩余燃料放掉或燃烧完毕，以减少爆炸的威胁。

闪烁在太空的"火眼金睛"

地球是什么样子的？人类经过很长时间的探索和争论，才搞清楚地球是圆的。地球是标准的圆形吗？很长时间，人们仍然搞不清楚，人类发射的第四颗卫星先锋一号解答了这个疑问，经过这颗卫星的探测，证明原来地球并不是圆形的，而是一个像梨形的球体。因为有了对地观测卫星，才使人类看清了地球的脸。

资源一号卫星

高分四号卫星

海洋一号卫星

　　在地面上星星点点地进行矿藏和气象探测活动，好像盲人摸象，无处下手，不仅效率非常低，而且受到高山、大海、沙漠和气候的影响和限制；而利用卫星从太空中看地球，居高临下，无遮无拦，大千世界，一览无余，选择不同的遥感器，在夜间和下雨天也可以探测，装载雷达的卫星还可以穿透一定厚度的沙漠和水面，看到藏在下面的东西，对地观测卫星像神话传说中的孙大圣，长着一双火眼金睛。

　　对地观测卫星之所以能看到地球上的各种信息，是因为卫星上安装了各种"眼睛"，科学家把这些"眼睛"叫作遥感器，如可见光相机、红外相机、多光谱扫描仪、微波辐射计、高度计、合成孔径雷达等，所以这类卫星又常称为遥感卫星。按照它们的用途不同，对地观测卫星可分为气象卫星、资源卫星和军事侦察卫星等。按照它们数据采集和传输方式的不同，又可以分为数据传输型对地观测卫星和返回式对地观测卫星。

　　对地观测卫星的用处很多，可以用来预报天气，监测森林和土地使用变化情况，进行水涝和盐化、沙漠化，海岸线动态监测，还可以进行干旱研究、农产品估算、水资源调查、自然资源勘探、环境污染监测和更新地图等，它可以解决用常规手段无法观测或观测不足的难题，不仅大大提高了效率，而且大大提高了观测精度、范围和准确性。

风云四号卫星

返回式卫星

气象卫星都能干什么

气象卫星是用来观测气象的人造卫星，它的最大特点是利用所携带的各种用途的遥感器，从太空居高临下观测大气层中发生的各种天气现象，特别是云层的变化和大气温度的垂直分布情况，具有观测面积大、速度快、准确性高，不受国界、地区和地形的限制，能观测全球范围内天气变化的优势。卫星绕地球一周获得的气象资料是所有地面气象站一昼夜搜集资料的 100 多倍，不仅如此，还比以往任何手段都准确得多。据有关资料统计，在今天，人类依靠气象卫星每年避免天气灾害损失达数千亿美元。

人们根据用途的不同，研制和发射了两种轨道气象卫星，即极轨气象卫星和地球静止轨道气象卫星，它们各有各的用处。

中国地球静止轨道气象卫星风云四号

俄罗斯静止轨道气象卫星

美国静止轨道气象卫星

日本地球同步轨道气象卫星向日葵 9 号

欧洲地球同步轨道气象卫星

极轨气象卫星是沿着子午线南北运动的，观测高度在 1000 千米以下，对同一地区的观测间隔为 12 小时，也就是说，卫星每天对同一地区观测两次。其优点是不仅可以获得全球中长期天气预报所需要的数据资料，整个地球都能看到，而且由于其轨道高度低，所能观测到的信息比地球静止轨道气象卫星丰富，探测精度和分辨率也远远高于静止轨道气象卫星。这种轨道气象卫星的缺点是由于它一圈一圈地转，不能连续观测同一地区，不能观测时间短的灾害天气，有时候我们想让卫星多观察一下一个突发的天气灾害时，卫星却已经走到别的地方去了，等它围绕地球扫描一遍过来后，天气情况早发生变化了。因此，这种轨道的气象卫星不适于进行短期气象预报。

风云四号卫星吊装

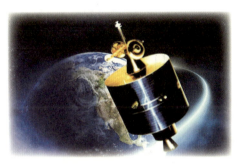

风云二号地球静止轨道卫星

风云三号极轨气象卫星

弥补极轨气象卫星的缺陷，专门用气象卫星对某一个地区观测，就需要发射静止轨道气象卫星。我们知道，卫星在地球静止轨道上运行的速度与地球自转的速度相等，所以在静止轨道上运行的气象卫星遥感器可以始终对着地球某一地区，每半小时就可以产生一幅近一亿平方千米的地球天气图，因此，可以连续、不间断地观测同一地区，把这一地区的气象资料源源不断地发到地面上来，因此，对区域性、突发性天气灾害进行连续监测十分有利。不足的地方是一颗卫星只能观测地球 1/3 以上的地区，三颗这样的卫星才可以覆盖整个地球，同时，对高纬度地区尤其是地球南北两极地区观测也比较差。

这两种轨道气象卫星各有各的用途，相互补充。只有这两兄弟同心协力，联手工作，才能使气象预报更准确。

什么是气象卫星系统？气象卫星靠哪些"武器"观天测地

　　气象卫星观天测地，光靠卫星不行，它是靠天上和地面的两个系统构成一个大系统共同完成的。天上的系统就是卫星系统，地面的系统就是地面接收站系统，正是这两个系统天地呼应，再加上遍布世界各地的气象台站一起工作，才完成了对天气的及时预报和转播。

　　卫星系统的职责是利用携带的各种遥感器，拍摄地球表面和大气层中的各种云图照片，利用卫星上的探测器探测感知高层大气的温度、湿度、气压、风向、风速以及大气层纵向温度、湿度、风向、风速的分布情况等，并将搜集到的这些信息发送到地面站。

　　地面接收站系统的职责是接收卫星传下来的各种气象信息，将接收到的气象资料进行处理，供专业人员进行气象的定性分析用，通过气象工作者的分析研究做出天气预报，发送到有关部门后，还要将天气预报和地面站搜集到的周围天气信息发送到卫星上，由卫星接收后再发送出去，供更多的气象台站接收使用。

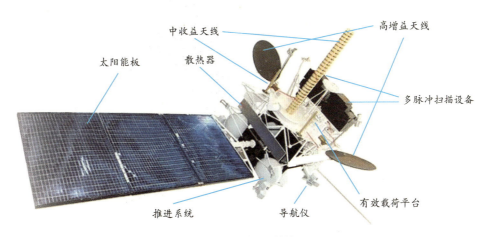

中收益天线　　　　　高增益天线

太阳能板

散热器

多脉冲扫描设备

推进系统　　　导航仪　　有效载荷平台

俄罗斯静止轨道气象卫星结构图

民航运输

城市生活

铁路交通

气象卫星工作原理图

新一代静止轨道气象卫星
风云四号在轨示意图

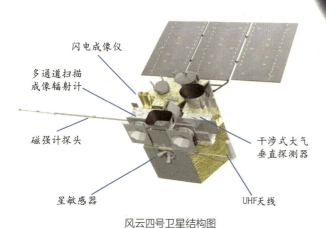

闪电成像仪

多通道扫描
成像辐射计

磁强计探头

干涉式大气
垂直探测器

星敏感器

UHF天线

风云四号卫星结构图

气象卫星眼中看到了什么

在我们生活的地球上空，有几十颗气象卫星，它们每时每刻都睁大了眼睛，警惕地注视着地球，气候的每一点变化都逃不过它的眼睛。今天，气象卫星资料的应用范围已大大超出了通常理解下的气象领域，它还能对地球环境和可能发生的自然灾害提前进行检测和预警；进行森林火灾、洪水、植被、海温、河口泥沙、海水、积雪的监测，还可以看清河口泥沙、海雾、海表温度、植被、洪水、积雪等情况，比如，我国西部腾格里沙漠中像波涛一样的沙丘，天山和西藏高原上的植被、积雪和河流、湖泊分布等，在卫星云图上都十分清晰，甚至还能用它进行小麦等农作物的估产。

我国风云一号气象卫星由于轨道高度低，辐射计的通道多，空间分辨率高，探测精度高，因而可更细致地显示出中小尺度对流云系的结构。

风云一号卫星图像

在进行远洋运输、捕捞以及军事试验活动的时候，需要准确及时地对海洋和特定地区做出天气预报，这没有什么困难的，在风云一号卫星资料的帮助下，可以较好地完成这些工作。

利用风云一号卫星可以探测海洋中叶绿素的含量，这对于研究海洋生物繁殖状况具有重要意义。积雪、高山冰雪、雪暴的监测对交通和工农业生产都是很重要的，特别是在我国西部地区，水源在很大程度上要靠高山冰雪的融化获得，而雪暴又会对人畜造成极大的危害。风云一号卫星可以给出大范围积雪和高山冰雪的清晰图像，为工农业和牧业生产以及救灾提供依据；海洋中冷暖水交汇处是鱼类密集区，因而可以利用风云一号卫星获取的海面温度资料来确定渔场的位置，以缩短寻找鱼群的时间和增加捕鱼量。城市的特殊气候环境影响着城市中的生产和生活。风云一号卫星可以给出城市中不同区域的表面温度，从而对城市"热岛效应"做出全面的显示，这对城市建设规划、生产和生活的安排是很有价值的资料。

整流罩中的风云二号卫星

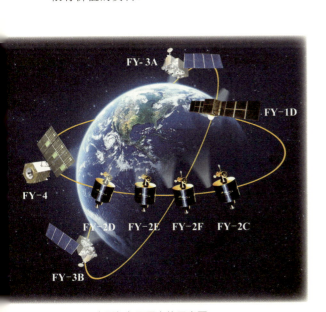

中国气象卫星在轨示意图

利用风云二号卫星可以观测地面和海洋温度，预测地球气候变化，预报森林火灾，了解沿海大陆架的分布情况，决定海港的分布是否恰当，预报海洋污染，保护海洋资源，进行石油勘测，调查矿产资源分布等。比如，海面温度资料对于海洋运输的导航、海洋渔场的预报、海洋的分析和监测等具有十分重要的应用价值。如果出海捕鱼人急着想了解鱼群分布，知道哪些地方可以捕鱼，风云二号气象卫星可以轻而易举地告诉他。

美国首颗同步气象卫星NOAA－K

链接

人类预报天气的方法不断进步

天气变化和人类息息相关，因此，预报天气的变化从人类诞生之日便开始了。人类预测天气变化的方法多种多样，并且随着科技的发展而不断进步。在我国远古时期，部落之间为了打仗获得胜利，为了生存、繁衍与发展，都非常重视预测天气变化，所采用的方法有请巫师观天象、卦师卜卦，或者观察动植物的异常变化。我国劳动人民在长期的生活积累中，还总结出许多观察天气的经验。在古代欧洲，一些国家让士兵在夜晚用高声喊叫来通报当时的天气。

人们在实践中发现，越深入高空和海洋，越能更多地了解到气象变化的信息。因此，就在高山和海洋上建立起气象观测站，或者用船舶搜集气象资料。随着科学技术的发展，18世纪80年代有了气球后，人们将携带仪器的气球放到高空，去搜集气象变化资料；当飞机飞上天后，人们开始用飞机携带仪器搜集气象资料。20世纪40年代后，人们制造了专门的气象火箭，将仪器送入更高的空中，探测气象变化资料，预报天气走向。但是，无论采用什么方法，都没有离开地球，都是站在地球上观测天气，因而，都有很大的局限性。而气象卫星的出现，给人类战胜天气灾害带来了具有划时代意义的革命。

美国气象卫星在厂房

气象卫星的发展

自 1960 年 4 月 1 日，美国最早把人类第一颗极轨气象卫星"泰罗斯 1 号"送上太空后，又先后发射了"雨云"系列和最先进的极轨气象卫星"诺阿"系列，美国是气象卫星的先驱，发射的气象卫星最多，并且已经发展到第三代。

在今天，美国、俄罗斯、日本、中国和印度等国家都研制和发射了气象卫星。迄今为止，人类成功发射 130 多颗气象卫星，仍然在工作的有数十颗，依靠这些卫星已经建立起了世界性的气象卫星观测网。

我国自 1988 年 9 月 7 日成功发射风云一号试验型极轨气象卫星后，目前已发展出两类四个系列。其中，极轨气象卫星包括风云一号和风云三号两个系列，地球静止轨道气象卫星包括风云二号和风云四号两个系列，风云一号系列气象卫星是我国第一代极轨气象卫星，已成功发射了 4 颗卫星；风云二号系列气象卫星是我国第一代地球静止轨道气象卫星，已成功发射了 8 颗卫星；风云三号系列气象卫星是我国第二代极轨气象卫星，已成功发射了 4 颗卫星；风云四号系列气象卫星是我国第二代地球静止轨道气象卫星，已成功发射了 1 颗卫星。中国成为继美国和俄罗斯之后，世界上第三个自行研制发射极轨道和地球静止轨道气象卫星的国家。特别是新一代极轨气象卫星风云三号具有遥感仪器数量多、品种多的特点，首次实现了对大气的三维、定量化、全天候观测，这颗卫星遥感仪器的观测谱段宽，波长从紫外光一直覆盖到微波的厘米波段，卫星观测灵敏度高，视场大，地面分辨率高，观测能力和技术水平与美国最先进的极轨气象卫星"国家极轨环境卫星系统"（NPOESS）及欧洲的"气象业务卫星"（METOP）相当。我国"风云"气象卫星系列已被世界气象卫星组织纳入国际业务应用气象卫星序列，成为全球天基综合观测系统的重要组成部分，为世界各国用户提供服务。

美国泰罗斯 1 号气象卫星

中国风云一号气象卫星

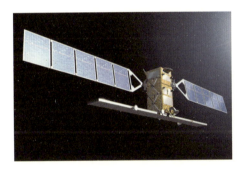

欧盟哨兵 -2 气象卫星

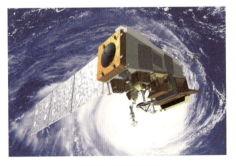

美国新一代气象卫星

中巴地球资源卫星（资源一号）

资源卫星缘何神通广大

　　资源卫星之所以神通广大，是因为卫星上装载了可见光、红外、多光谱、紫外和微波五类遥感器，通过这些遥感器对陆地和海洋进行探测，获取地面物体目标辐射或反射的不同电磁波信息，然后转发给地面接收站，地面站对这些信息进行处理后，就可以识别出是什么东西，分布范围有多大，数量有多少。比如，装载了高清晰度可见光相机的资源卫星拍摄的立体照片可以显示出地球结构，这些图像除了可以用来分析资源分布情况外，还可以用来估计地面的植物是否干旱或受涝；装载植被仪的卫星可以用来对农作物、草场和森林等植被的生长变化情况进行全球监测，为估产和研究地球环境提供数据；有的卫星携带高分辨率几何仪和高分辨率立体相机，可以拍出立体照片；有的卫星装载合成孔径雷达、红外扫描辐射计、微波探测器、雷达高度计、激光反射器等先进设备，这种卫星可以用来进行国土、农业、林业、渔业调查和进行环境与火灾等监测。利用资源卫星的遥感器还可以观测海洋，为海洋生物学、沉淀学等科研及渔业生产等提供数据。

　　地球资源卫星居高临下，拍摄一幅图像可以覆盖数万平方千米，对我国陆地全部勘测一遍，只需拍摄大约 500 幅照片，花几天的时间，其效率之高是其他任何手段都无法相比的。

美国陆地卫星 7 号地球资源卫星

欧洲太空局的地球资源卫星-1

俄罗斯地球资源卫星

加拿大地球资源卫星

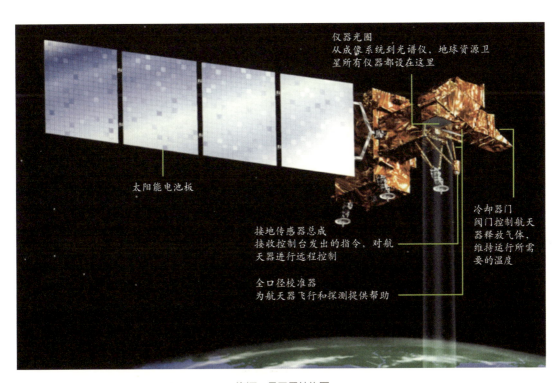

仪器光圈
从成像系统到光谱仪，地球资源卫星所有仪器都设在这里

太阳能电池板

接地传感器总成
接收控制台发出的指令，对航天器进行远程控制

全口径校准器
为航天器飞行和探测提供帮助

冷却器门
阀门控制航天器释放气体，维持运行所需要的温度

资源一号卫星结构图

我国资源一号卫星有什么特点

检测中的资源一号卫星

我国的资源卫星是和巴西联合研制的，国际上叫中巴地球资源卫星，国内叫资源一号卫星。资源一号卫星是我国第一代传输型遥感卫星，具有遥感数据宏观、准确、快速、直观和动态等特性，卫星通过不同的遥感器可获得可见光、近红外、热红外等多谱段的遥感图像，这些图像被地球地面站接收后，经过处理可以直接使用，也可以相互比较分析。例如，可见光谱段图像可用于绘制地图水系、交通和城市规划图，测量耕地面积，森林覆盖面积和积蓄量调查，地面植被情况分析。近红外谱段图像可用于土壤和植被水分测量，环境污染监测。农作物长势情况调查和估产；还可用于地质调查、矿产资源的勘查和规划。热红外图像可用于植被和环境监测。资源一号卫星还可用于预报和监测自然、人为的灾害。比如，可快速查清洪涝、林火、地震风沙等破坏情况及其变化，估计损失，提出对策；还可以对沿海经济开发、滩涂利用、水产养殖、环境污染等提供动态情报。

资源一号卫星运往发射场

资源一号卫星与国际上已经发射入轨的地球资源卫星的区别是，它携有不同分辨率的三种照相机，即广角照相机、高分辨率 CCD 相机和红外多光谱照相机。CCD 相机用于白天对地面照相，红外照相机可以在夜间照相，这两种照相机可以在广角照相机覆盖的区域内提供更为详尽的信息。更为神奇的是，大多数资源卫星照相机的镜头是垂直向下不动的，资源一号卫星携带的 CCD 相机可以侧过头来，对感兴趣的地方放大观测，从而可以获得更多这些地方的细节。

资源一号卫星光谱范围非常广，最高分辨率可达 20 米，虽然卫星观测一遍地球需要 26 天，但由于其携带的 CCD 相机有侧视功能，对同一地区观测周期为 3 天，5 天就可以覆盖我国国土一遍。卫星除主要为中国和巴西的用户提供遥感数据服务外，还为世界上的许多国家提供服务。

资源一号卫星在技术厂房

资源一号卫星装配

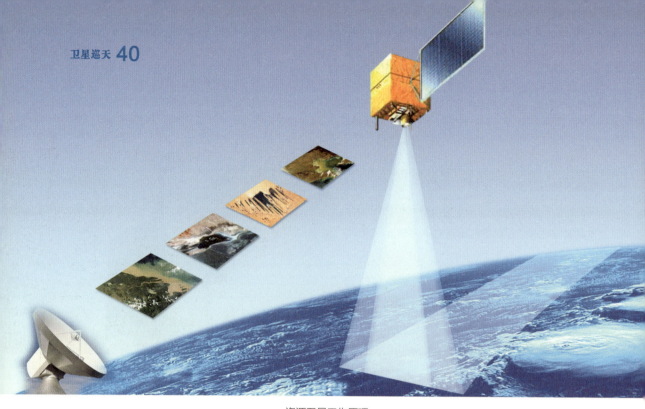

资源卫星工作原理

资源卫星是如何造福人类社会的？资源一号在"数字中国"中发挥了哪些作用

40 多年来，全世界已有一百多个国家应用地球资源卫星的遥感数据，资源卫星在众多领域得到了成功的应用，资源卫星图像资料在资源调查、国土普查、环境监测等众多领域得到应用，大大加快了"数字地球"的进程。

自从有了资源卫星后，人类在资源探测中有了许多重大的发现。如美国用资源卫星在南非发现了世界上最大的镍矿，在撒哈拉大沙漠找到多处淡水资源，在巴基斯坦发现两个斑岩铜矿，还发现了日本大阪湾海面严重的污染等。俄罗斯用资源卫星找到三个金刚石矿，还发现了油田等。

多年来，马铃薯种植大国加拿大利用地球资源卫星图像并结合其他资料，对马铃薯栽种情况进行估产，不仅查出种植面积，而且还可以识别出马铃薯与牧草、玉米及耕地与森林的界限，估产可靠率为 90％。

新疆艾丁湖卫星图

在我国新疆，原来人们以为已经干枯的艾丁湖，实际上仍然拥有 100 多平方千米的水面；原来人们以为完全没有植被的塔克拉玛干沙漠，实际上拥有大量的红柳和芦苇，这就是在资源一号卫星眼中所看到的新疆几个地方的真实景色。2000 年 5 月北京科技活动周期间，一位来自新疆喀什市的领导看到资源一号卫星拍摄的自己家乡的图像时，竟情不自禁地跳起了新疆舞。

中国资源卫星应用中心以资源一号卫星为主要信息，首次完成了贵阳市 1:10 万森林资源调查、国产卫星遥感数据 1:250 万全国影像镶嵌图制作、数据镶嵌、南水北调中线引水线路影像图、上海及长江三角洲地区资源卫星数据镶嵌以及北京市密云水库蓄水面积和绿地面积动态变化监测等。

北京市密云水库卫星影像图

卫星拍摄到的中国黄河入海口

上海及长江三角洲地区资源卫星数据

撒哈拉大沙漠多处淡水资源卫星影像图

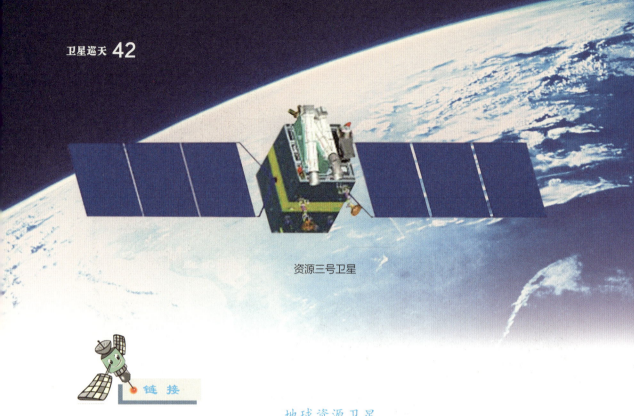

资源三号卫星

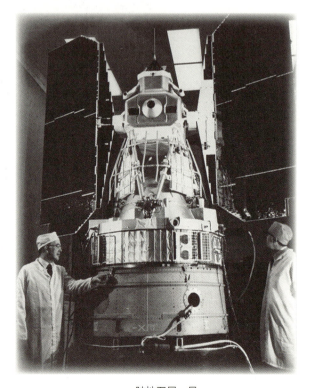

链 接

地球资源卫星

地球资源卫星是用来勘探和调查地球上的土地、海洋、农业、森林、水文和矿藏等资源的人造卫星。资源卫星用途很广，它观测到的图像和数据可以广泛用于农业、林业、渔业、牧业、海洋、地质、矿藏、土地、环保等众多国民经济部门，所以有"百家星"之称。

资源卫星发展历程

1972 年 7 月 23 日，美国在气象卫星的基础上，研制发射了世界上第一颗资源卫星——陆地卫星一号，由于这颗卫星的杰出表现，一些航天国家纷纷投资研制地球资源卫星。几十年来，世界上地球资源卫星的发展大致经历了 20 世纪 60 年代奠基、70 年代发展、80 年代辉煌的阶段。

在群星灿烂的资源卫星家族中，美国陆地卫星和法国斯波特卫星的表现最吸引人眼球，十多年来，这两个兄弟互相比武艺：你在这方面水平高，我比你更高，因此，形成了两个靓丽的资源卫星品牌。

陆地卫星一号

美国水星地球观测卫星

资源卫星到今天，已经发展到了第三代，实现了由最初的试验到成功应用的转变。随着一系列新技术成果的应用，如今的资源卫星技术有了很大的提高，现在的资源卫星不仅白天有太阳的情况下可以对地球进行资源探测，晚上也可以正常工作，并且不受刮风下雨等气象条件的限制，不仅可以看到地上的资源，还可以透过一定厚度的地表和水面看到下面的东西。

资源卫星投入应用后，从根本上改变了传统观测地球的方法，不仅使人类从新的高度——宇宙空间观测地球上的大千世界及其变化，而且把人的视觉从可见光范围扩展到红外、紫外以及微波辐射区，使人类对地球的了解进入一个全新的天地。

资源一号卫星于1999年10月14日发射成功，是中国第一颗传输型遥感卫星，突破了多项关键技术，形成了遥感卫星平台，至今，共发射成功5颗资源卫星，研制技术不断突破，卫星功能和性能不断提高。

法国斯波特卫星

美国新一代陆地观测卫星

资源一号卫星数据不仅在我国得到了广泛的应用，在巴西和拉美国家也得到了广泛应用，卫星图像为亚马孙河流域环境监测、资源开发和拉美国家的经济建设做出了贡献。资源一号卫星图像数据不仅惠及中国和巴西两个发展中国家，还为非洲13国、东盟10国的发展中国家提供数据服务，为人类的文明进步发挥了积极作用，被誉为高科技领域"南南合作"的典范。

2016年，中国和巴西两国共同决定，将中巴地球资源卫星加入金砖国家遥感卫星星座，让卫星数据造福更多的国家和人民。

据有关部门估计，30多年来，我国在利用卫星遥感手段进行资源环境等遥感调查上投入了20多亿元，若按上述1:6的比例计算，节约经费100多亿元，而遥感成果本身所产生的效益则是无法估量的。

亚马孙河流域卫星图像

美国陆地卫星 5 号地球资源卫星

叶培建，江苏江阴人，中国科学院院士。中国资源二号卫星总设计师，嫦娥一号探月卫星总指挥兼总设计师，深圳证券交易所 VSAT 系统总设计师。

"用自己的行动来改变祖国的面貌"这句话在叶培建心中始终像一团火。1985 年获得瑞士纳沙泰尔大学博士学位后，叶培建毅然回国，立志把学到的知识贡献给祖国。他主持开发和改进了中国卫星，研制了各种软件，初步实现了卫星工程管理信息化，大大推进了卫星和飞船研制的进程；他在担纲中国资源二号卫星总设计师期间，解决了多个重大关键技术问题，在我国历史上第一次实现了卫星三星组网，创造了我国不同时间发射同一型号的三颗卫星辉映太空的记录；他在担任嫦娥一号探月卫星总指挥兼总设计师期间，大胆进行技术创新，实现了我国第一颗探月卫星首发成功，从此，中国人走向了深空。

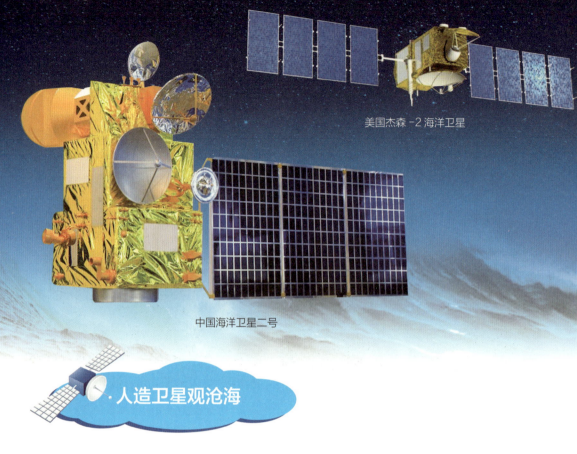

美国杰森-2海洋卫星

中国海洋卫星二号

人造卫星观沧海

海洋卫星分为几类

目前世界上发射的海洋卫星大体上可分为三类：第一类是主要用于探测海洋水色要素，如叶绿素浓度、悬浮泥沙含量、有色可溶有机物等，此外，也可获得浅海水下地形、海冰、海水污染以及海流等有价值信息的海洋水色卫星；第二类是主要用于探测海平面高度、海冰、有效波高、海面风速和海洋水流等的海洋地形卫星；第三类是主要用于探测海洋动力环境要素，如海面风场、浪场、流场、海冰、海洋污染、浅水水下地形、海平面高度信息的海洋动力环境卫星。

中国海洋卫星一号

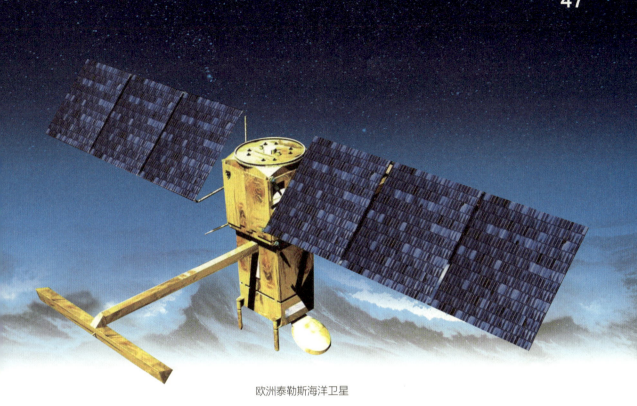

欧洲泰勒斯海洋卫星

海洋卫星

专门用来探测海洋资源和海洋环境的卫星叫海洋卫星。海洋卫星是地球资源卫星中的一个分支。

海洋卫星的发展历史可以追溯到1962年。当时，在美国进行载人飞船水星号试验飞行的时候，第一次从160千米高空观测海洋，拍摄了海洋照片，开创了从太空探测海洋的新纪元。

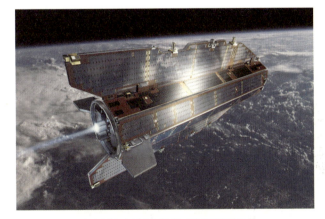

欧洲地球重力场海洋环流探测卫星

在海洋卫星的研制中，美国和俄罗斯走在前列。这两个国家都非常清楚，要想称霸世界，必须对海洋有深入的了解，必须控制海洋，因此，这两个超级大国从20世纪70年代初开始，先后发射了海洋资源调查卫星、海洋监测卫星等数颗海洋卫星。

迄今为止，国际上已先后发射了20多个系列的数十颗海洋观测卫星，仍在太空中运行的有30多颗。

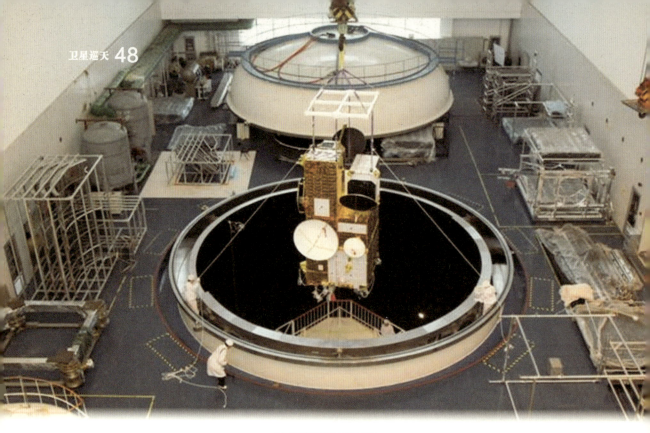

中国海洋卫星二号吊装

海洋卫星有什么作用

　　海洋卫星遥感具有大面积、连续、动态、实时的观测优势和高分辨率、高精确度、可重复观测、与计算机系统完全兼容等优势，携带微波遥感器的海洋卫星还具有不管白天晚上都可以观测的特点。

美国 Jason-3 海洋监测卫星在厂房测试

美国 Jason-3 海洋监测卫星

海洋一号卫星 CCD 成像仪第一轨图像　　　　　　　海洋一号卫星拍摄的辽东湾海冰

　　海洋卫星通常携带水色仪、微波辐射计、散射计、雷达高度计和合成孔径雷达等遥感仪器，能够直接测量海面颜色、海面温度、海面粗糙度和海平面高度等海洋环境参数。科学家利用这些参数，还可以计算出叶绿素、悬浮粒子浓度、海面风场、海流、潮汐、盐度、海冰、海底地形、海洋重力场以及海洋污染等许多其他海洋环境数据，从而为海洋地质学、海洋化学、海洋工程学、海洋生物学等海洋科学研究和海洋捕捞业、海洋养殖业、海洋油气、海洋矿产业、海洋运输、海洋化工、海洋药业等海洋资源的开发和利用活动提供动态、可靠的资料。

海洋监测卫星在轨示意图

中国海洋二号卫星检测

海洋卫星为何被誉为"数字海洋的千里眼"

随着世界上人口的激增和无节制的掠夺性开发，资源和能源日益紧张。许多专家认为，21世纪是海洋的世纪，未来人类社会的可持续发展，将不得不更多地依赖于基本上未被开发的海洋，海洋将成为世界经济新的增长点。科技是经济发展的先导，人类开发和利用海洋资源，同样需要以高科技手段为依托，而海洋卫星在其中扮演了重要角色，被誉为"数字海洋的千里眼"。

看似平静的海面，其深处却蕴藏着汹涌的波浪。准确的海浪预报，不仅能为海洋渔业生产、海上油气矿产钻探等海上作业提供帮助，还将有力地避免或减少海上航行灾难性事故的发生。据报道，美国等国家的科学家利用携带合成孔径雷达的海洋卫星提供的大范围海浪场信息，对大洋长波浪的形成和传播以及波浪在近岸的折射和绕射进行研究，取得了许多成果。西欧等国家将卫星观测到的信息用于海浪数值预报，从而有效地改善了海浪预报的精度。

对海冰的测量，向来是海上航行和生产的重要保证。目前，国际上利用卫星图像资料对海冰的监测研究发展很快，已进入信息产品化的阶段。例如，挪威已将卫星图像资料制成海冰密集度、类型、海冰与海水边缘线和海冰漂移等产品，向海上石油平台、船舶和破冰船等提供海洋实时预报服务。

利用海洋卫星图像资料还可以发现海洋油污染，估算污染的范围，监测污染的扩散，一些发达国家利用卫星资料已建立了卫星海洋污染监测系统。

卫星拍摄到的澳大利亚大堡礁海水颜色变化

海洋卫星对于海洋资源的合理开发利用、海洋环境的监测、国家的可持续发展和国防建设具有重要意义。有报道说，美国和俄罗斯发射的海洋监测卫星能穿透好几千米深的海水，不仅可用于海洋勘察、绘制详细海洋地质资料、矿藏和生物资源分布调查图，在海洋大陆架石油勘探和金属矿藏的开发中发挥重要作用，还可以跟踪水下核潜艇。

利用海洋卫星对沿海泥沙进行大面积的同步动态监测，可以为港口的规划以及治理提供可靠的科学依据。不仅如此，海洋卫星还与老百姓的生产和生活有着密切联系。

海洋卫星高清拍摄到的美军航母港口

海洋卫星监测到的直布罗陀海峡的巨大海浪，波长达两千米

比如，人们可以通过卫星水色遥感探测分辨出海洋赤潮是否发生，并进行跟踪监测，掌握其发展过程，这对于沿海群众进行水产养殖来说意义重大。海洋卫星虽然不能直接发现海洋中的鱼群，但能为渔场环境的预报提供关键信息。对这些信息进行分析，将为渔民在哪里下网、打鱼提供有用的信息。众所周知，现今的高品质渔业资源日渐稀缺，近海鱼业资源日渐枯竭，相信利用海洋卫星提供的数据，到大洋深处去打鱼的时代很快就会来到。

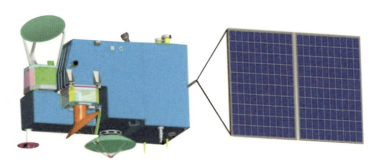

海洋二号卫星

我国海洋卫星发挥了什么作用

2002 年 5 月 15 日，我国第一颗海洋卫星海洋一号成功发射，作为一个海洋大国，终于有了海洋卫星。迄今为止，我国先后成功发射 4 颗海洋卫星。这些卫星在"数字海洋"建设中发挥了重要作用。仅以海洋一号卫星为例。

海洋一号的用途是通过探测海洋的水色和水温，掌握我国近海海洋初级生产力分布、海洋渔业及养殖业资源状况和环境质量；了解重点河口港湾悬浮泥沙分布；监测我国近海溢油、赤潮、海冰冰情、浅海地形等，在海洋生物资源开发利用，河口港湾的建设和治理，海洋污染监测和防治，海岸带资源调查和开发，以及全球环境变化研究等领域有着广泛的用途。

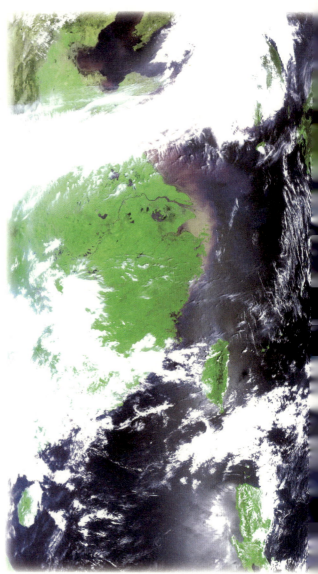

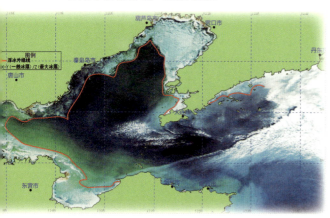

海洋卫星拍摄的渤海湾影像

海洋一号卫星拍摄的中国海区

卫星拍摄的长江入海口

海洋一号卫星在轨道上工作期间，获取了渤海、黄海、东海、南海及太平洋、大西洋、印度洋、北冰洋、南北两极的大量水色遥感图像；获得了大量的叶绿素浓度、悬浮泥沙浓度、黄色物质、海面温度等海洋要素；探测获取到赤潮、海冰等海洋灾害现象及岛礁、浅滩、海岸植被等地物特征。我国中央电视台连续播放的渤海海冰预报也是利用海洋卫星数据和资料做出的。在大洋渔场环境监测方面，利用海洋一号卫星对大洋渔场进行了大量探测，对境外金枪鱼区进行了 40 次探测，对竹荚鱼区进行了 45 次探测；获得了大西洋金枪鱼渔场和太平洋竹荚鱼渔场的

海温和叶绿素分布数据，制作了 3～9 月份逐月平均海温和叶绿素分布图，并及时向海洋渔业生产和科研部门提供服务，累计达 47 次。海洋一号卫星还为南极大陆科考和北极建站选址提供了基础数据；通过海洋一号卫星对黄河口、长江口、珠江口、闽江口等各大河口以及渤海湾、北部湾、琼州海峡、台湾海峡等重点海域的监测，获取了海域悬浮泥沙分布、海流特征、近岸二类水体特征、海岸带特征、温度分布特征和浅海地形等重要海洋基础信息；在海岸带监测方面，利用海洋一号 CCD 相机数据制作了 52 幅我国黄河口、长江口、珠江口三大河口地区的资源调查和植被分类图、岸线动态变化图、河口悬浮泥沙分级图等，为我国海岸功能区划、海岸带管理、河口地区资源利用提供了数据服务。

实践十号返回式科学实验卫星在轨示意图

卫星家族的"独生子"

返回式卫星有什么特点

在人类发射升空的遥感卫星中，大多数卫星发射上天后，将遥感信息传输到地面，人们在地面上就可以应用卫星的遥感成果，卫星在天上一直工作到寿命的结束。返回式卫星是在航天技术发展初期研制的一种遥感卫星，因为卫星对地面的遥感成果是储存在照相机的胶片上，进行的各种空间试验是储存在试验装置中的，只有返回地面后取出胶片或试验装置，经过处理才能得到有关信息和结果。因此，返回式卫星是卫星家族的"独生子"，是航天技术和应用卫星技术发展之初的产物。

科技人员正对我国第一颗返回式遥感卫星进行全面测试

1975 年 11 月 29 日，我国第一颗返回式遥感卫星在太空飞行 3 天后，安全返回到四川中部的预定回收区域

链　接

返回式卫星

　　返回式卫星是一种在距地球200～300千米高度轨道上运行、采用三轴稳定方式、对地心定向、返回舱可返回地面的卫星。它主要用于对地遥感观测，有时候也用于科学技术试验。

　　返回式卫星回收技术十分复杂，必须突破姿态控制与轨道控制技术、卫星再入防热技术和卫星回收技术。20世纪50年代后期，

中国第一颗返回式卫星

在第一颗人造卫星发射成功后，美国和苏联两个超级大国为了相互窥视对方军事情报，急需用卫星来侦察对方的军事部署和调动情况，由于当时无线电传输技术还不发达，怎么知道卫星侦察到的情况呢？就想到了让它返回来，于是开始研制返回式卫星。美国在经历了12次失败的惨痛代价后，才突破了卫星回收技术；苏联也同样在交了13颗卫星失败的高昂学费后，才实现了返回式卫星的成功回收。返回式卫星的诞生，实现了军事侦察手段的革命性变化。

返回式卫星是怎样返回的

要回答这个问题，让我们先来了解一下什么是航天器的返回轨道。

人们通常把航天器从脱离运行轨道到降落到地面这一段的飞行轨迹叫作返回轨道。目前，返回式航天器在返回地面的过程中，一般采用弹道式、半弹道式和滑翔式（升力式）三种轨道。

弹道式返回轨道。这种轨道的特点是航天器在进入返回轨道，再入大气层的时候，只受阻力作用而不产生升力，因而下降的速度快，空气动力过载大，落点无法调整和控制，可能产生较大的落点偏差。俄罗斯和美国早期的飞船以及我国的返回式卫星均采用这种轨道。

半弹道式返回轨道。这种轨道的特点是航天器在再入大气层后，除了阻力外，还会产生部分升力。只要适当控制它们的滚动角，就可以控制升力方向，小范围地改变飞行路径，适当调整落点范围，使落点比较准确，空气动力过载也比较小。俄罗斯联盟号飞船和美国的双子星座号飞船都是采用这种轨道。

滑翔式返回轨道。这种轨道的特点是航天器在再入大气层后，会产生很大的升力，因而可以调节纵向和横向的距离，准确地降落在跑道上，空气动力过载也很小。美国的航天飞机和空天飞机就采用这种轨道。

提到卫星回收，人们可能会想到把整个卫星都回收回来，其实不是这样的。卫星回收并不是把整个卫星都收回来，而是将卫星的返回舱收回来。返回式卫星在设计的时候一般由回收舱和仪器舱两部分组成，在完成预定任务返回地面的时候，将必须带回来的物品和返回过程中需要的工作设备集中在一个舱体里，称为返回舱或回收舱，将其他不需要返回的物品和设备集中在另外一个舱体里，称为仪器舱或轨道舱。在卫星返回前，实施两个舱体的分离，将不需要返回的舱体全部抛掉，留在太空里，再经过一系列技术措施后回收舱返回地面。

卫星的回收是一个极其复杂的过程，这是因为卫星在轨道上是以 7 千米／秒以上的速度飞行的，返回的时候，以这样高的速度冲向地球大气层，再入大气层的时候会与空气产生强烈的摩擦，卫星的表面会产生很高的温度。所以，返回式卫星在设计上必须充分考虑如何控制返回姿态，如何可靠地对付再入大气层时产生的这种极其高的温度等难题。否则，不仅卫星不会准确地回到地面，还会在返回大气层的时候被烧毁。即使返回舱不被烧毁，由于舱内温度过高，照相胶卷和试验样品也将被损坏，整个卫星在天上的工作成果将毁于一旦。因此，卫星回收技术是航天技术中一项举世公认的难题。

返回式卫星返回地面的过程分为以下几步。

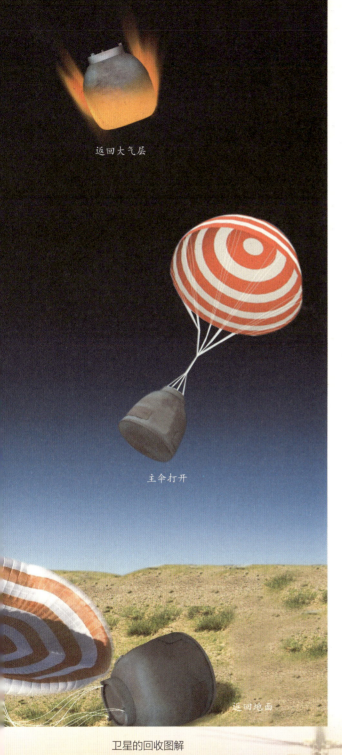

返回大气层

主伞打开

返回地面

卫星的回收图解

调整姿态。卫星上的制动火箭点火将卫星由原来的飞行姿态调整为返回姿态，并使卫星在这个姿态下保持稳定。

舱段分离。为减轻返回重量，只是返回舱返回地面，因此，返回舱要与其他舱段成功分离。

返回舱旋转。在返回前必须使卫星返回舱以一定的速度旋转起来，旋转的目的是为了在返回动力装置工作的时候保持姿态稳定。

脱离飞行轨道。安装在返回舱的小型固体反推火箭或制动火箭点火工作，使返回舱产生一个反向速度，减速后的返回舱沿着亚轨道向地面下降。

打开信标机。返回舱在下降到一定的高度时，打开信标机，不断地向地面发射无线电信号，告诉回收人员所处的位置，以便地面人员及时发现和回收。

打开降落伞。返回舱下降到一定的高度后，打开降落伞，使返回舱再一次减速，最后安全降落到地面。

返回式卫星返回地面

实践十号返回式科学实验卫星返回地面

返回式卫星回收场选择有什么要求

返回式卫星安全回收，不是让卫星随便落在什么地方就行了，就像卫星发射需要有发射场一样，回收也同样需要选择一个合适的回收场。卫星的回收场，实际上就是一个回收着陆的区域，卫星能否成功返回并安全回收，回收着陆区域的选择也是马虎不得的事情。

为了便于及时发现和寻找返回地面的卫星返回舱，美国选择了在海面作为返回式卫星的回收场，用庞大的舰队和直升机群在空中或海上进行回收。俄罗斯选择浩瀚的沙漠作为回收场，这种回收场地域广阔，地面平坦，视野开阔。我国虽然幅员辽阔，但卫星回收场的选择也很费脑筋。新疆、内蒙古、黑龙江等省区虽然地域宽广，沙漠和草原很多，人烟稀少，但是靠近我国边境，卫星回收的时候一旦发生偏差，容易落到其他国家去，这会带来很大的麻烦。

美国海上回收卫星

中原地带虽然不会使卫星返回舱落到国外，但城镇密布，人口稠密，房屋林立，电线纵横交错，卫星回收时容易出现险情。最后，我国的卫星回收场选择了四川中部的山区，这里虽然山丘密林，江河峡谷，给寻找带来困难，但是人口和城镇相对较少，一旦卫星回收时出现较大偏差，也不会落到国境以外。我国这种特殊的卫星回收区域，使卫星回收技术的难度较俄罗斯和美国要大得多。

实践十号返回式科学实验卫星放入整流罩中

院士小传

王希季，1921年生于云南昆明。"两弹一星"功勋科学家。中国科学院院士。中国返回式卫星第一任总设计师。

在王希季五十多年的航天生涯中，他参与创造了中国航天史上一个又一个第一：中国第一枚探空火箭的技术负责人、中国第一枚运载火箭总体技术方案设计者、中国返回式卫星第一任总设计师。

"在技术问题上，不能少数服从多数，而要尊重客观规律，坚持实事求是，有时候少数人坚持的可能是正确的"。为了探求技术真谛，王希季常常充当第一个吃螃蟹的"少数人"。作为我国运载火箭和返回式卫星技术的开拓者，他开创性地解决了一系列重大技术问题，他提出的我国返回式卫星方案，具有先进性、可靠性和经济性，几十年来，一直是我国返回式卫星系列的基本方案。返回式卫星系列也是我国使用公用平台最成功、研制周期最短、成本最低、发射次数最多、成功率最高的卫星系列。

中国最早的返回式应用卫星

在我国，返回式卫星也是最早投入应用，且应用最成功的航天计划之一。与美国和俄罗斯不同的是，我国返回式卫星是首次发射就成功回收。

在我国应用卫星的大家族中，返回式卫星首开航天遥感事业的先河，在传输式遥感卫星投入使用之前的二十多年里，国产航天遥感资料都来自返回式卫星。

我国返回式卫星是一种低轨道、三轴稳定的对地观测卫星，共分为两类：一类是国土普查卫星，现已研制了两代。另一类是地图测绘卫星。两类卫星在外形上都是羽毛球状的钝头圆锥体，装有三种不同型号对地摄影的可见光相机以及对星空摄影的恒星相机。与第一代国土普查卫星相比，第二代国土普查卫星照片的地面分辨率、卫星重量、回收舱可回收有效载荷、仪器舱的容积都有很大增加，在轨工作寿命由3天延长至27天，一次飞行所获得的卫星遥感信息量比第一代返回式卫星有了很大的提高。

实践一号卫星在技术厂房

截至2009年，我国研制了返回式国土普查卫星、返回式摄影测绘卫星、返回式国土详查卫星、实践八号育种卫星等多种型号返回式卫星。共进行了24次发射，成功回收了23颗，回收成功率达96%以上，处于世界领先水平。

实践八号卫星在总装

科研人员将种子放入实践八号卫星

返回式卫星的作用

在20世纪50年代后期，利用返回式卫星进行对地遥感侦察，曾是获取信息和传输信息的重要手段。同时，返回式卫星还为航天新技术试验提供了重要载体，对后来载人航天技术的发展、空间站的建设和载人登月壮举的实现奠定了技术基础。

科技人员在开启实践十号搭载的干细胞箱

实践十三号卫星在技术厂房

科技人员从卫星返回舱家蚕培养箱内取出实验品

我国返回式卫星有哪些贡献

也许有人会问，我国的返回式卫星都看到了什么？在这里我要告诉你，在我们国家发射的返回式卫星眼里，看到的东西可多啦！地球表面有什么，哪里是高山，哪里是深沟，哪里是草原，哪里是庄稼，在穿梭于天宇之间的返回式卫星的眼中，都没有秘密可言，返回式卫星明亮的眼睛甚至还能穿过地表，看到地下的奥秘。

我国返回式卫星在国土资源普查、大地测量以及河流海岸监测、城乡规划、水利建设、地质资源勘探、考古以及空间育种等众多领域发挥了重要作用，获得了明显的经济效益和社会效益。

根据铁道部门早期提供的数据，铁路每缩短一千米，可节约 100 万～500 万元投资。研究表明，利用返回式卫星资料进行铁路设计选线，不仅可避开地下断层，还可以进行线路优化设计，节省大量的投资。我国有关部门在进行大秦铁路设计时，利用返回式卫星的遥感资料进行铁路勘测选线，不仅缩短了线路，少占了大量的耕田，还节约投资 4 亿多元，这在 20 世纪七八十年代是一个天文数字了。

早些年在进行北京到山海关铁路复线方案的设计中，滦河大桥原址选在青龙河某段。在对返回式卫星遥感照片进行判读时，技术人员惊讶地发现，这一地段恰恰是地质断裂带，也就是说，即将动工的铁路大桥将建在一个地质断裂带上。这一信息报告给铁路设计部门后，有关部门立即对桥址进行地质论证，经钻探果然发现河床下有 300 米宽的破碎带，如果大桥建在这种地层上，其后果是可想而知的。于是，桥梁专家重新修改了方案，将桥址北移，从而避免了重大失误。

利用返回式卫星进行国土普查，改变了传统的方法，提高了准确性，减少了野外作业，并节省了大量的人力、物力和资金，特别是对崇山峻岭等一些人迹罕至、无力到达之地进行普查，就更加显示出其无与伦比的神奇力量。

卫星拍摄的柴达木盆地

卫星拍摄的陕北石峁遗址

卫星拍摄的昆仑山脉

兰州黄河融合影像图

我国石油地质队员在对柴达木盆地伊克雅乌汝油气构造进行调查时，26人奋战4个月，才测出568个点，绘制成五万分之一的地质图。而返回式遥感卫星仅用一张照片，就一目了然，还发现了地面测量中无法发现的断层构造，这一发现为确定钻井位置、了解地下水资源以及确定输油管走向提供了可靠的资料。

卫星拍摄的内蒙古磷矿

我国有关部门曾经利用返回式卫星遥感资料，查明了黄河、滦河、海河三大河流淤泥流沙的活动规律及相互作用，为研究渤海湾内的流系规律及天津新港淤泥回流问题提供了科学依据。

利用返回式卫星遥感资料，可以清晰地看到承德避暑山庄的围墙和树林、山海关附近的长城和古堡。我国考古工作者还利用卫星图片，发现了一批古代遗迹，比如发现了被风沙掩埋了的古城，这些发现加速了考古研究。

正是通过返回式卫星，才使我们了解了许多过去不曾了解的国土状况，准确知道了我国万里边境线的实际情况，卫星遥感资料不仅为科学研究、地图测绘和经济建设提供了大量信息，还为我国政府处理与邻国的边境事务问题提供了准确的依据。

院士小传

林华宝，福建莆田人，中国科学院院士，返回式卫星总设计师。

1950年考取清华大学水利工程专业；1951年被选派到苏联列宁格勒建工学院留学；1956年回国后，被分配到中国科学院力学研究所，从事航空力学研究工作；1958年参加了由钱学森、赵九章领导的空间技术队伍，从事太空火箭结构的研究；1963年开始负责太空火箭箭头的研制；1966年开始负责返回式卫星的研制；1988年出任返回式卫星总设计师。在30多年的航天生涯中，林华宝参与了18颗返回式卫星的设计、发射和回收工作。

"不到现场亲自看看，就没有数"，亲临一线、发现问题、解决问题是林华宝一辈子的风格。我国返回式卫星技术不断改进，研制模式不断创新，应用领域不断扩大的每一步，都凝聚着他的心血。

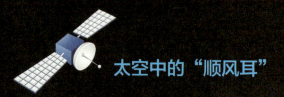

太空中的"顺风耳"

通信卫星使发生在任何时间、任何地方的重大新闻，可以在非常短的时间里传遍全世界，常常是从新闻出现到传播出去，相差不了几分钟。它的出现，从根本上改变了世界的模样。

通信卫星是用作无线电中继站的人造地球卫星，一般运行在地球静止轨道上，定点在赤道某一个地区上空，使卫星天线始终指向地球上某一个固定的地区，从而实现两地的连续通信。如果在地球静止轨道上每隔120°放置一颗卫星，整个地球用3颗卫星进行太空接力的话，就能实现除地球南极和北极以外的全球通信。

近年来，随着微电子、微机械、计算机等技术的发展，现代小卫星技术得到了快速发展，一些小型通信卫星也相继升空，由小卫星组网的通信系统正在陆续建立，由功能强大的现代小卫星组成的星座正在给人类通信带来具有划时代意义的革命。

俄罗斯射线 -5A 通信卫星

欧洲通信卫星 Eutelsat W3A

中国天链二号中继通信卫星

中国中卫一号通信卫星

中国东方红二号通信卫星

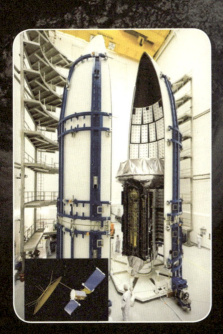

美国MUOS-1通信卫星

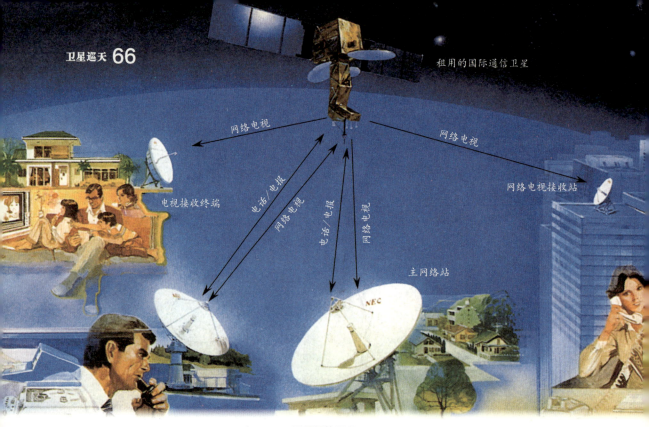

租用的国际通信卫星

网络电视

网络电视

电视接收终端

网络电视接收站

电话/电报

网络电视

电话/电报

网络电视

主网络站

卫星通信原理

为什么说卫星通信带来人类通信的划时代革命

　　当你打开电视机欣赏精彩的体育比赛时，当你拿起电话向在海外的亲人问候时，当你坐在计算机前通过互联网查阅资料时，也许你并未意识到，正是遨游在苍穹中的通信卫星，才给你带来了这一切。

　　在现代信息社会，通信卫星出尽了风头，在我们的头顶上，就好像有一个用通信卫星架起来的信息高速公路，包裹着整个地球，它使各种信息畅通无阻，很快传遍四面八方。它不仅加快了人们的生活节奏，而且大大提高了物质生产的效率，提高了原材料和能源利用率。利用通信卫星，人类实现了全球通信、电视转播。不仅如此，通信卫星还改变了人类的生产和生活方式，由通信卫星带来的通信革命导致可视电话、电视会议、电视购物、电视教学等一系列新生事物相继出现。

中国东方红三Ａ卫星平台

链 接

通信卫星

通信卫星可以用来在固定的地面站之间、车辆、舰艇、飞机、导弹、卫星以及个人等移动体之间，固定点与移动体之间，进行电视、电话、电报、传真、数据、互联网、多媒体等各种信息传输。具有覆盖面积大、通信距离远、传播层次少、构成通信网快、视听效果好、通信容量大、可靠性高和灵活机动等优点。在各类应用卫星中，通信卫星是发展速

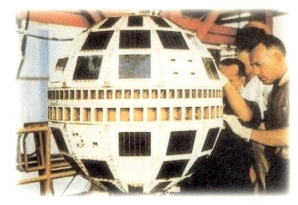

第一颗商业通信卫星电星一号

度最快、对社会影响最大、效益最为显著的卫星品种。目前，通信卫星已承担全世界2/3以上的国际电报、电话业务和全部洲际电视转播业务。

通信卫星包括国际通信卫星、国内通信卫星、军用通信卫星、移动通信卫星、电视直播卫星、音频广播卫星、跟踪与数据中继卫星、无线电侦察卫星等。经过多年的发展，目前，拥有140多个成员国的国际通信卫星组织的国际通信卫星已经发展到第八代，卫星通信转发器由最初的几个，增加到几十个甚至上百个，寿命由几十天延长到15年以上，一颗通信卫星的通信能力为几万条话路，可同时转发几十套电视节目。目前有300多颗通信卫星在轨工作，主要担负语音、视频和数据通信广播三大业务。

院士小传

戚发轫，1933年生于辽宁大连，中国工程院院士。

先后担任我国第一颗人造卫星东方红一号的技术负责人，东方红二号、东方红三号和风云一号、风云二号总设计师，我国实施载人航天工程后，担任神舟一号至神舟五号总设计师。

戚发轫是我国航天事业的见证者、参与者。他参与主持和领导了我国大量的航天器研制，从东方红一号卫星开始到载人航天工程的实施，几十年来，我国航天器研制的每一个阶段都留下了他奋斗拼搏的足迹，从卫星技术负责人到总设计师，从航天器重大关键技术的解决到空间技术发展方向的提出，我国空间技术的每一步，都留下了他的智慧、足迹和汗水。

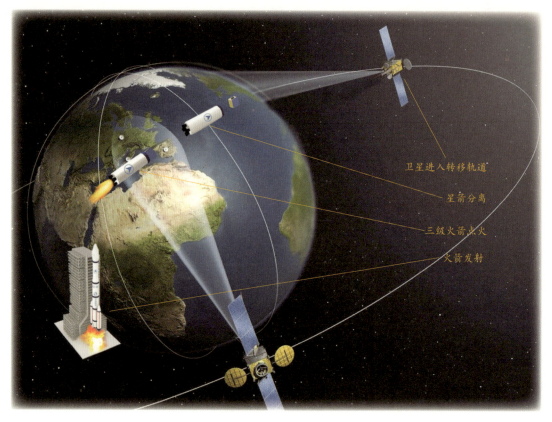

卫星进入转移轨道

星箭分离

三级火箭点火

火箭发射

卫星发射过程示意图

通信广播卫星的发射要过多少关

通信卫星绝大多数是地球静止轨道卫星。发射地球静止轨道通信卫星难度非常大，因此，直到现在，能发射静止轨道卫星的国家也不是很多。各国发射静止轨道通信卫星一般采用变轨发射的方法，要经历停泊轨道、转移轨道和同步轨道的变换。归纳起来一般需要过"三关"。

第一关，要用三级运载火箭把卫星送到离地球 200 ～ 300 千米高度的圆轨道，卫星工程研制人员称这个轨道为停泊轨道；第二关，当卫星穿过赤道平面时，末级火箭点火工作，推着卫星沿着飞行的方向加速，使卫星离开原来的圆轨道，走上一条大椭圆轨道，其远地点正好位于赤道平面的交叉点，高度约为 36000 千米，这个大椭圆轨道称为转移轨道，这个时候运载火箭已经与卫星分离了；第三关，当卫星经过离地球最远的地方，同时又正好处在地面测控站观察范围内的时候，由地面发出指令，卫星上的发动机开机工作，按预先计算好的方向和速度给卫星加速，使卫星沿着赤道平面飞行，经过多次变轨，卫星由椭圆轨道最后进入与赤道平面重合的圆轨道。在这条轨道上，卫星自西向东以每圈 23 小时 56 分 4 秒的速度围绕地球运行，与地球自转速度和方向保持一致，这样，卫星相对地面就成为静止不动的了。在这个阶段中，点燃远地点发动机与改变卫星运行速度、倾角和轨道平面是发射中最关键的步骤，也是难度最大的一步，点火早了不行，晚了不行，方向计算不对也不行，稍有不慎，就将造成严重的后果。

卫星进入静止轨道后，还要由地面进行控制，改变它的运行周期，使它漂移到预定的赤道上空，然后再使它完全与地球自转同步，也就是固定在一个点上，这就要使用卫星上的姿态控制发动机经过多次的修正调整，最终使卫星达到东西不漂移、南北不画"8"字的状态，真正静止定点在赤道上空，这时候，卫星就成为静止轨道通信卫星，便可以开始工作了。一般要经过 8 ~ 15 天。

如果以为博大的太空可以毫无限制地放置卫星，那就大错特错了。看起来浩瀚无边的太空，可供地球静止轨道通信卫星使用的轨道其实只有一条。进入 20 世纪 80 年代后，通信卫星产业的强劲走势吸引了众多航天国家的目光，因而，引发了一场争夺太空轨道位置的太空"奥运"大战。

根据世界无线电行政大会规定，需要发射通信卫星的国家，必须事先向国际电联登记，获得许可方可发射，因此，不少国家抢先登记地球静止轨道通信卫星轨道位置，占领宝贵的空间段资源。但是，国际电联同时规定，如果某国登记的轨道位置在规定的时间内未能使用，就将失去对它的所有权。

人类通信的划时代革命

1945 年 5 月，英国著名物理学家克拉克首次提出了在地球同步轨道上发射三颗卫星就可实现全球通信的大胆设想。

1958 年 12 月 18 日，人类第一颗试验通信卫星斯科尔号升空，从此，克拉克的设想变成了现实。1963 年 2 月 14 日，美国又成功发射第一颗地球同步轨道试验通信卫星辛康 1 号。通信卫星的问世，使整个世界的通信广播事业发生了革命性的变化。

科技人员对斯科尔通信卫星检测

今天，尽管具备通信卫星研制和发射能力的国家仍为数不多，但拥有自己的通信卫星的国家却遍布全球。美国、加拿大、日本、法国、德国和俄罗斯等发达国家及中国、印度和印度尼西亚等发展中国家都有自己的国内通信卫星。

近几年来，亚太地区通信卫星市场迅速崛起，从印度到大洋洲的广阔地域，每个国家都在使用卫星建立自己的通信基础设施。今天，亚太地区上空有 100 多颗通信卫星在工作，一些国家在建立国内卫星通信系统的同时，还将其扩大成区域通信。

通信广播卫星是怎样实现空中接力的

通信卫星实质上是一个置于太空中的通信转发器或中继站，其专用系统由卫星上的通信转发器和通信天线组成。天线也分接收天线和发射天线两种。

通信转发器的作用是将通信天线接收到的由地面站发送的电话、电报、传真、数据和图像等微弱的信号进行放大、变频，然后再通过发射天线将信号发射到另外的地面站，并通过地面传输线路，接通具体用户的通信联系，以实现通过卫星进行两个定点的通信。为了使发往地面的下行无线电载波信号与向上行驶的上行信号不互相干扰，还需要改变信号频率，再经过功率放大后，才能向地面发送。转发天线采用定向天线，区域通信卫星一般采用点波束定向天线。

从卫星上发往地面的无线电载波信号到达地面后，已经变得很微弱了，所以需要设专门的卫星地面（球）站，用大直径的天线接收，经放大等技术处理后，才能再转发给用户来使用。

携带通信转发器数量的多少，是衡量某一卫星通信能力大小的标志。早期的通信卫星只有几个通信转发器，而经过各种新技术的发展，现在，通信卫星上已经可以携带几十个甚至上百个通信转发器了，因此，通信能力大大提高。

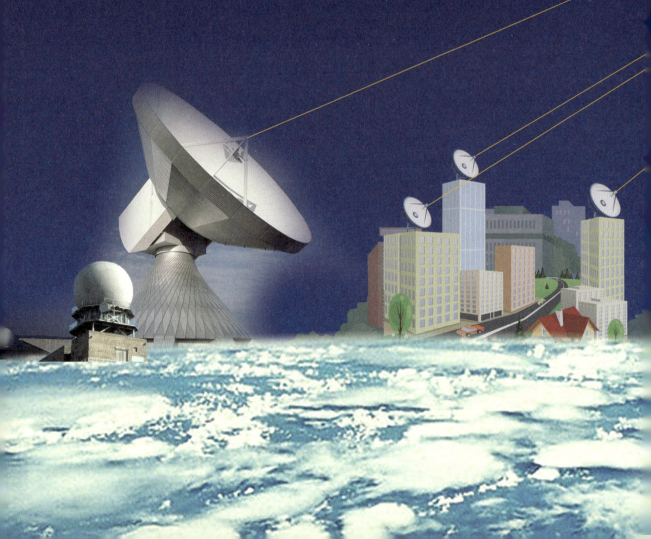

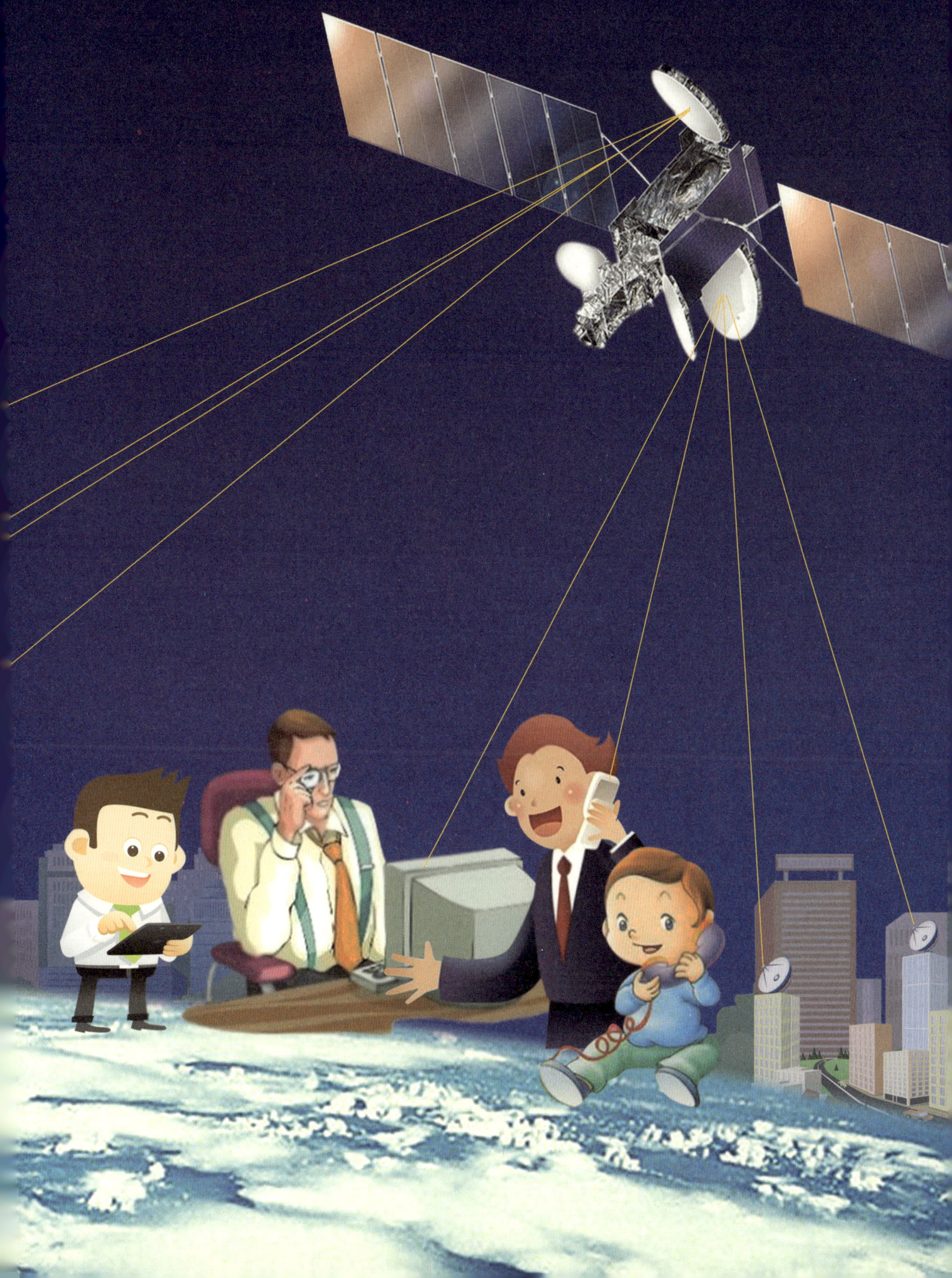

通信卫星可以在其他轨道上运行吗

　　通信卫星大多数都运行在静止轨道上，但是也有的通信卫星运行在其他轨道上。这是因为地球静止轨道通信卫星虽然具有覆盖面大等一系列优越性，但是也存在着不足。一是地球静止轨道只有一条，在这一轨道上不可能放置太多的卫星，也就是说，这条轨道所能承载的卫星数量是有限的，否则，它们相互之间将产生无线电干扰，甚至会发生碰撞，尤其是目前静止轨道上已经十分拥挤，资源非常紧张。二是这种卫星在距离地面约 36000 千米的高度飞行，而它的发射功率只有几瓦到几十瓦，经过长距离传输的损耗，到达地面的信号已经很微弱，如果加大卫星的发射功率，又会大大增加卫星的质量，不仅技术更加复杂，而且又需要研制更大推力的运载火箭。为了克服这个困难，地面站就必须采取大功率发射机和高灵敏度的接收机以及尺寸庞大的天线，这又使地面设备的规模扩大，造价昂贵。三是由于卫星距离地面约 36000 千米，会产生信号的延迟和回声干扰现象。因此，为了克服上述的种种不足，现在又兴起了低轨道通信卫星的热潮，比如前些年风靡全球的铱星系统。低轨道通信卫星和地面之间传输路径短，能够弥补静止轨道通信卫星存在的种种缺陷。只是由于低轨道通信卫星覆盖面积小，为了覆盖全球，需要发射多颗卫星组网，才能进行全球通信。

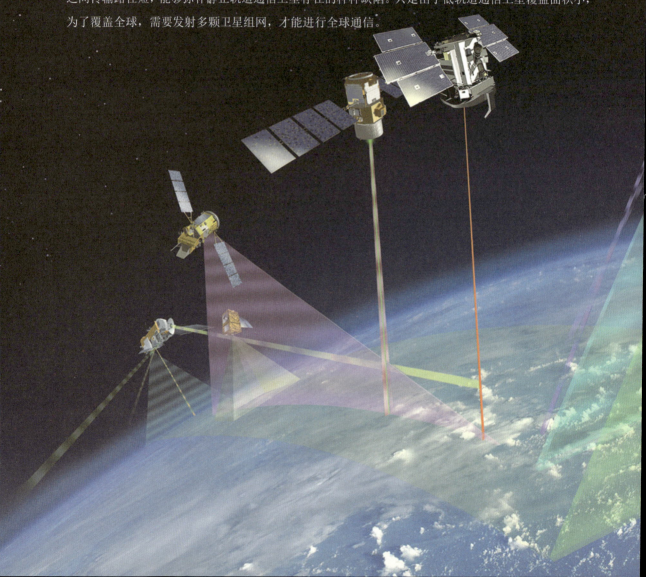

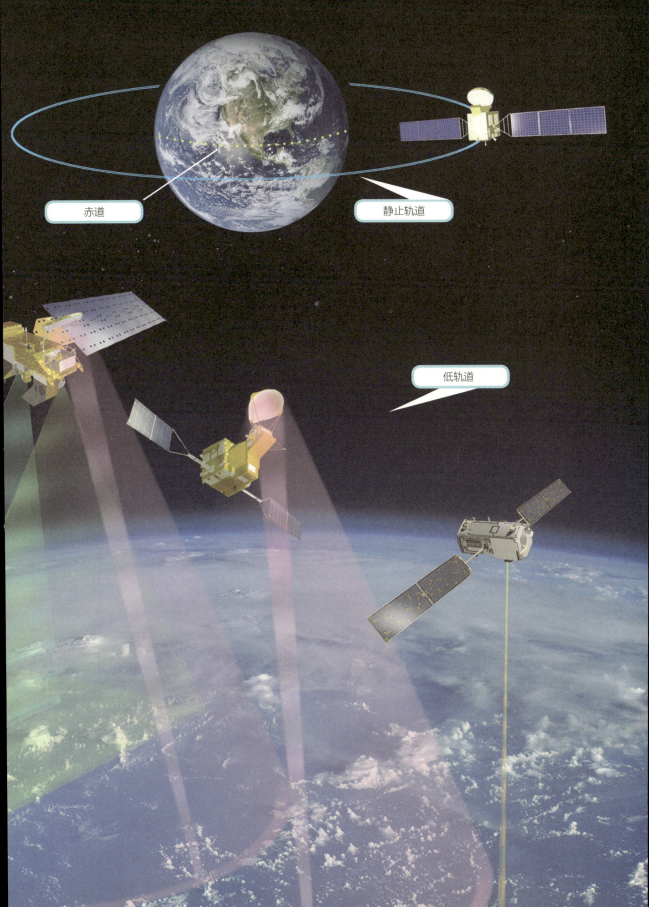

赤道

静止轨道

低轨道

我国成功发射了几种通信卫星

到 2014 年 4 月 8 日，我国拥有自己的通信卫星已经整整 30 年了。以东方红二号通信卫星发射成功为标志，我国通信卫星研制不仅实现了由试验走向应用，还实现了东方红二号、东方红三号到东方红四号的"三级跳"。随着东方红四号通信卫星平台的研制，我国通信卫星走出国门，正在向着世界先进水平不断前进。

东方红四号推进系统进行测试

东方红四号

测试东方红三号通信卫星

技术人员对东方红二号卫星检测

东方红三号

东方红二号

现今，没有通信卫星是难以想象的。

卫星通信为现代通信插上了双翼。目前，人类社会有100多种不同的业务是依靠通信卫星完成的。除电报、电话、传真、数据传输、电视广播、远距离教育、无线电广播和海事移动通信等，通信卫星还能提供数据广播、电话会议、银行汇兑、电子文件分发、报刊印刷、资料检索与传送和计算机联网等业务，已形成了年产值数百亿美元的产业。卫星通信不仅给人们带来巨大经济收益，而且带来巨大社会效益。

经过30年的发展，我国卫星通信广播已覆盖全国，亚洲地区和欧洲地区也已基本覆盖。应用范围和领域不断扩大，业务已覆盖上百个行业。卫星固定通信业务已步入产业化轨道，达到了一定的市场规模，卫星通信成为社会经济发展的重要保障。

政府机关

电视娱乐

体育转播

医疗卫生

远程教育

其他产业

金融银行

利用通信卫星，我国已建成全球最大的教育电视传输网络，全国 70% 以上的有线电视台完整转播 CETV 的节目，收视 CETV 的人超过 2 亿，中国教育台已播出电视课程和各类教育节目 9 万多小时，每年可节约培训费几十亿元，已累计培养电大毕业生 137 万多人。同时，使近 130 万未受过正规师范教育的中小学教师系统学习了中、高等师范课程，培训了数十万中小学校长，近百万农民达到中专毕业或单科结业。我国在 2003 年启动了全国农村中小学现代远程教育工程，用 5 年时间投资 100 亿元，将卫星远程教育教学覆盖到全国 53 万余所农村中小学，可基本上满足农村中小学对优质教育资源的需求。卫星教育改变了远距离教育的面貌，推动了"普九"和扫盲工作，优化了教育资源的合理配置，其社会效益更是无法估量的。

卫星通信在"村村通广播电视"和"村村通电话"工程中发挥了不可替代的作用。有关电信企业在四川、甘肃、青海、新疆、内蒙古、广西、山西、安徽、宁夏、陕西等省区的 2200 多个行政村安装了卫星电话，解决了用其他电信手段无法解决的问题。

卫星通信是解决突发事件通信问题的有效手段，在应对自然灾害的斗争中，显示出其他通信手段无法比拟的作用。在所有的通信、交通、电力等均已遭到破坏的情况下，卫星电话不仅可以在第一时间了解准确信息，增强抢救的针对性，还可以统一调度资源，有序进行物资投放，大大提高救灾的效率，极大地减少了伤亡和经济损失。专家认为，在全国各地自然灾害频发的乡村都配备卫星移动通信终端，平时用于解决电话村村通的问题，灾害时解决救灾问题，一旦灾害来临，支持手持终端的卫星移动通信系统将是解决抗灾、减灾、保护人民生命安全最快捷有效的，甚至在一段时期内是唯一的应急通信手段。

应急指挥车在汶川地震后起到关键作用

2008年年初，我国南方地区的雪灾与冰冻灾害发生后，卫星通信企业立即为受灾地区的抗冻救灾工作提供了应急通信服务，先后为有关部门提供了50多部卫星电话，及时解决了由于常规通信手段中断造成的应急通信问题，确保了政府、气象、供电等部门通信畅通，为及时组织抢险救灾、最大限度地减少灾害造成的损失提供了保障。

据工业和信息化部统计的数据，在2008年5月12日汶川特大地震最初的半个月里，地震灾区共投入卫星移动电话1879部、应急通信车及其他应急通信装备1093台（套）、IDR卫星基站80套、VSAT设备100套。卫星电话累计通话16.5万余次，累计通话时长28.2万余分钟。

在汶川特大地震中，卫星通信实现了汶川映秀镇灾后的第一次通话，保障了汶川灾后第一个移动通信基站的开通，搭建了映秀镇灾后第一个实时视频传送平台。

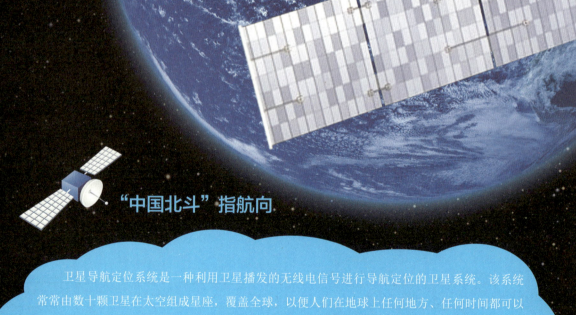

"中国北斗"指航向

卫星导航定位系统是一种利用卫星播发的无线电信号进行导航定位的卫星系统。该系统常常由数十颗卫星在太空组成星座，覆盖全球，以便人们在地球上任何地方、任何时间都可以利用卫星进行导航定位。

卫星导航定位系统好比是设在太空中的无线电导航台，居高临下，不仅可以为信号覆盖范围内的飞机、舰船、地面部队、车辆、导弹和低轨道航天器等移动体提供全天候、连续、实时、高精度的三维位置、三维速度以及时间数据，还可以为登山、探险和考古队员等个人指引方向。

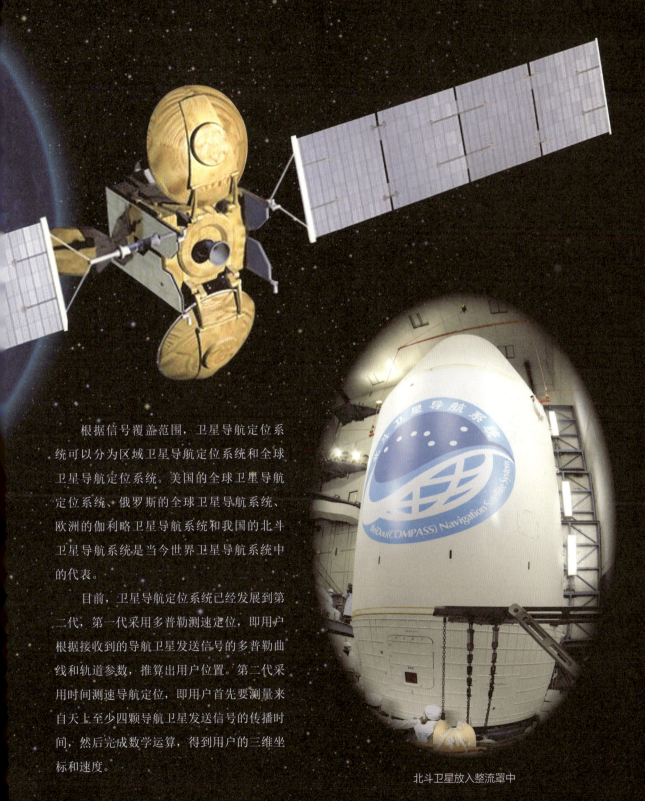

根据信号覆盖范围，卫星导航定位系统可以分为区域卫星导航定位系统和全球卫星导航定位系统。美国的全球卫星导航定位系统、俄罗斯的全球卫星导航系统、欧洲的伽利略卫星导航系统和我国的北斗卫星导航系统是当今世界卫星导航系统中的代表。

目前，卫星导航定位系统已经发展到第二代，第一代采用多普勒测速定位，即用户根据接收到的导航卫星发送信号的多普勒曲线和轨道参数，推算出用户位置。第二代采用时间测速导航定位，即用户首先要测量来自天上至少四颗导航卫星发送信号的传播时间，然后完成数学运算，得到用户的三维坐标和速度。

北斗卫星放入整流罩中

人类现存几大卫星导航系统

目前，世界上已经建成并正在使用的卫星导航系统有美国 GPS 卫星导航系统、俄罗斯 GLONASS 卫星导航系统和中国北斗卫星导航系统，欧洲伽利略卫星导航系统正在紧张建设。

中国北斗卫星导航系统

我国在 1994 年启动北斗卫星定位试验系统建设。我国 20 世纪后期开始探索适合中国国情的卫星导航系统，逐步形成了"三步走"发展战略：2000 年年底建成北斗一号系统，向中国提供服务；2012 年年底建成北斗二号系统，向亚太地区提供服务；2020 年前后建成北斗全球系统，向全球提供服务。

2011 年 12 月 27 日，国务院新闻办正式发布，北斗卫星区域导航系统开始试运行，向中国及周边地区提供连续、免费的导航定位和授时服务。随着 2012 年 10 月 25 日第 16 颗北斗区域导航卫星的成功发射，12 月 27 日，我国对外宣布：北斗卫星区域导航系统正式运行，为我国及周边地区提供服务。

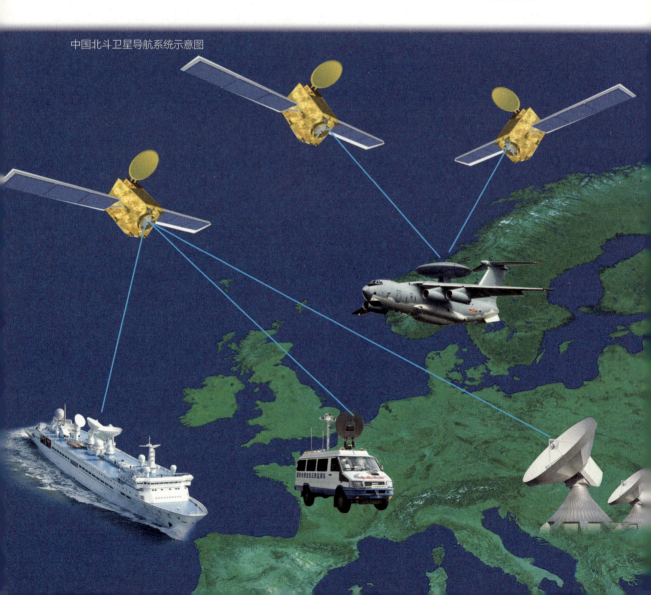

中国北斗卫星导航系统示意图

美国 GPS 卫星导航系统

1978 年，美国开始第二代卫星导航系统的部署，历时 16 年、耗资 130 亿美元，终于在 1994 年建成星座系统，并正式投入使用。10 多年来，GPS 经过了多次改进，改进后的卫星寿命由 7.5 年增加到 10 年，抗核辐射和抗激光干扰能力都有所提高。由于 GPS 系统具有重要的军事应用价值，因此由美国国防部直接负责管理。

GPS 是一个军民两用系统，分别以粗码和精码连续不断地向地球发送时间和位置信息，其中，粗码供民用，精码供军方使用。粗码位置精度为 100 米，授时精度为 340 纳秒；精码一次定位精度为 15 米，授时精度为 100 纳秒，经过多次定位，其精度可达 1 米以内。

GPS 具有全球性、全天候、连续性、实时性导航定位和定时功能，定位精度比传统的方法提高 10 倍以上，且可提供三维空间定位。可为陆地上的部队、装甲车和火炮提供精确的位置，为舰艇和飞机导航，还可为太空中的航天器和导弹提供精确的位置。

美国洛克希德·马丁公司制造的 GPS 导航卫星

GPS III 导航卫星在轨示意图

GPS 卫星导航系统的空间部分由 21 颗中高度圆轨道（MEO）卫星和 3 颗备份星组成星座，卫星高度 20182 千米，分布在 6 个倾角为 55°的轨道平面内，运行周期为 11 小时 58 分。每颗卫星会不间断地发出自己所处的位置及时间等信号，地球上任何一个地方至少能同时看到 4 颗 GPS 卫星，因此，在地球上的任何地点、任何时间都可以通过接收机同时收到来自 4 颗卫星的信号。这些卫星上都装有 30 万年内误差不超过一秒的原子钟。

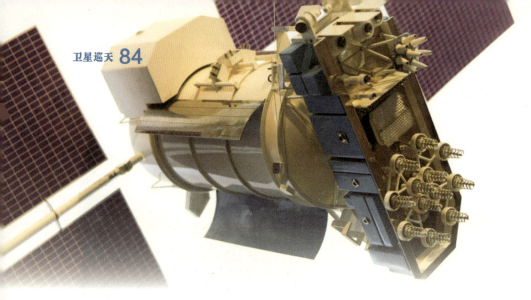

俄罗斯 GLONASS 导航卫星模型

俄罗斯 GLONASS 卫星导航系统

　　1995 年，俄罗斯完成了由 24 颗中高度圆轨道卫星加上 1 颗备份星组成的 GLONASS 导航定位卫星星座系统，耗资 30 多亿美元，该系统由俄罗斯国防部控制。由于 20 世纪 90 年代以来俄罗斯一直处于经济困难时期，无力迅速发射补网卫星，早些时候发射入轨的 GLONASS 卫星已相继退役，无法独立组网，只能与 GPS 联合使用，近年来，俄罗斯加快了卫星导航系统的建设步伐，已逐渐恢复了系统的功能。

即将发射的 GLONASS 导航卫星　　　　　　俄罗斯 GLONASS 导航卫星在厂房

伽利略导航卫星

欧洲伽利略卫星导航系统

　　为了打破导航定位卫星市场被美国一家独揽的态势，获得巨大的市场利益，增加就业机会和在地区事务中拥有更多的发言权，欧洲一直在实施一个旨在建立全球卫星导航系统的庞大计划，这就是欧洲著名的"全球卫星导航系统"计划。该计划分两步实施，第一步是建立一个与美国GPS、俄罗斯GLONASS、伽利略系统相容的第一代全球卫星导航系统（GNSS-1），第二步是建立一个完全独立的第二代全球卫星导航系统（GNSS-2）。目前，伽利略卫星导航系统正在紧锣密鼓的建设。

伽利略导航卫星吊装

链接

子午仪一号卫星

轨道上的子午仪一号卫星

人类导航史的演变与发展

什么是导航？导航是指确定舰船、飞机、车辆等运动物体和人的位置，并引导这些运动体和人沿着选定的路线从一个地方行进到另一个地方的技术。

古往今来，人们在生产和生活实践中发明了多种导航方法。在古代，船舶在茫茫大海中航行，是用指北针和看星星来识别方向的。后来，人们根据指北针的原理发明了罗盘。到了近代，随着科学技术的发展，人们发明了光学六分仪，利用它测定天体高度，再借助天文钟、航海天文历和数字用表等，来算出船舶的位置。这种通过观测天体的位置来确定自身所处位置和航向的方法被称为天文导航。天文导航的方法虽然使用起来比指北针、罗盘等导航方法简单，准确度又比较高，但是，容易受到气象条件的限制，一旦遇到阴雨天或者大雾天，看不到月亮和星星的时候，这种导航方法就不灵了。

　　无线电技术发明后，人们便利用无线电来导航。无线电导航是舰船通过接收来自设在海岸的无线电台发出的无线电波来确定位置的，这种方法虽然克服了天文导航受气象限制的弱点，但是由于无线电波的传播距离是有限的，舰船如果在超出无线电波传输距离的深海里航行就无法使用了，因而，在深海里远航的舰船用这种方法导航就困难了。

　　第一颗人造卫星升空后，美国霍普金斯大学应用物理研究所的研究人员在对卫星电波进行遥测时偶然发现：如果对已知轨道上的卫星所发出电波的多普勒效应进行测定，那么，就能精确地知道接收这种电波地点的位置。1960年4月13日，美国发射成功人类第一颗导航卫星子午仪一号，开始了利用卫星导航的新时代。1964年，美国建成了子午仪卫星导航系统，该系统由5～6颗卫星组成了导航卫星网。到20世纪80年代初，美国共发射了30多颗子午仪导航卫星，这些由多颗卫星组成的导航卫星网，为核潜艇和各种水面舰艇提供了很强的辅助导航能力。子午仪卫星导航系统由三部分组成：导航卫星，地面观测和数据注入站，以及导航数据接收设备。

院士小传

　　童铠，1931年生于江苏泰州，中国工程院院士。通信卫星微波测控系统总设计师、风云二号地面指令与数据获取站总设计师、导航定位卫星应用系统总设计师。我国卫星测控、定位和信息处理领域主要学术带头人。

　　1953年9月，由于品学兼优，童铠被选送到苏联预备部学习，1955年进入列宁格勒电信学院学习，1959年副博士毕业后，回国从事微波通信技术研制工作。

　　几十年来，童铠主持完成多项国家重点工程，主持研制反导弹精密制导101雷达，获1978年国家科技大会重大科技成果奖；主持研制通信卫星微波测控系统，获国家科技进步特等奖；主持风云二号气象卫星指令与数据获取站，获国家科技进步奖。为了填补我国卫星导航的空白，从1984年到1994年，长达十年的时间，他对卫星导航进行探索和预先研究、关键技术攻关、方案可行性论证，终于推动了我国北斗导航系统的建立。

卫星为什么能导航

导航卫星的出现，克服了其他导航方法的局限，给人类的导航定位带来了划时代的革命。

利用运行在太空中人造卫星而建立的导航系统称为卫星导航系统。利用导航卫星对地面、海洋和空间用户进行导航定位的技术叫作卫星导航定位技术导航服务，这门新兴技术不仅为飞机、船舶、车辆提供导航服务，还为搜索与救援进行准确定位。与传统的导航定位技术相比，卫星导航定位技术具有全时空、全天候、高精度、连续实时地提供导航、定位和授时的特点，已成为人类活动中普遍采用的导航定位技术。

卫星导航系统是卫星作为已知位置和时间基准的导航台站，通过卫星发射的无线电信号，实现确定用户位置的有关数据，这些数据包括用户位置三维坐标、速度和对应坐标时的时间的方法与系统。导航卫星作为系统中已知位置和时间坐标的标准，一般需要由多颗卫星组成星座，并且星座构型设计非常合理，才可以保证用户不管在什么时间、什么天气条件下都能连续使用。

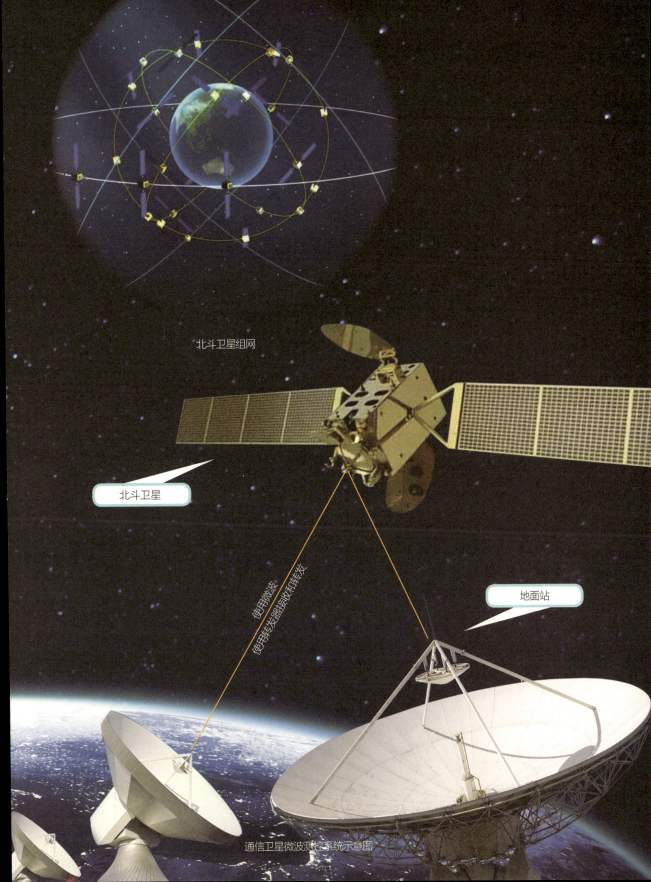

北斗卫星组网

北斗卫星

地面站

使用微波
使用转发器接收和转发

通信卫星微波测控系统示意图

导航卫星工作示意图

为什么说导航定位卫星应用只有想不到，没有做不到

卫星导航系统问世后，科学家惊奇地发现，导航卫星的应用，只是受到人们想象力的限制，也就是说，你能想到什么，它就能给你提供什么服务。

汽车导航是导航定位卫星系统最为广泛的民用用途，现在，许多汽车上都安装了导航系统，你想到哪里去，只要轻轻地点一下触屏，输进你想去的地方，一踩油门，导航仪就会把你带到那里。卫星导航系统随时可以告诉你前方的道路情况，遇到拥堵路段，它可以及时为你选择最佳路线。

卫星导航系统可以用于高精度的测量。比如，我们在修建堤坝、道路等重大工程中，进行精密测量是必不可少的，利用卫星导航系统进行测量比传统的方法快捷节省。以交通基础设施建设为例，应用卫星导航系统定位技术可以使道路、桥梁的建设精度达到毫米级。用导航卫星还可以监测地震。比如，美国在地震多发地区洛杉矶附近安装了 50 个 GPS 测控点，这些测控点提供的数据对预报地震起到了十分重要的作用。

众所周知，足球比赛是一项对抗性很强的运动，当好一个裁判最重要的是在关键时刻判别队员有没有越位、有没有手球、到底是谁犯规，由于足球比赛对抗性强，有时候这些都是稍纵即逝的，如果裁判不能"明察秋毫"，就容易有失公允。据说，现在欧洲的足球迷正在试图把导航卫星请到足球场，让卫星当裁判，导航卫星一定会不差分毫，绝不会有意识地偏袒哪一方。

未来的导航卫星还可以更为深入地渗透到你的生活里：当你上街购物时，手机上的导航会提示，你已走到麦当劳餐厅，要不要进去吃点东西？当你走到一家商场附近时，导航会告诉你，今天商场搞盛大优惠活动，要不要领取优惠券？还可输入许多生活信息，比如，当你为找不到车位而犯愁的时候，导航会告诉你附近离你最近的地方哪里有空位；当你正因尿急到处找厕所的时候，导航会告诉你厕所在哪里。

有人预测，卫星导航产品可能应用的深度和广度就像如今的互联网一样只会受到人们想象力的限制。可以不容置疑地认为，导航定位卫星系统已经成为人类社会的重要基础设施，随着历史的发展其影响将会更加深远。

第三十二颗北斗卫星在技术厂房

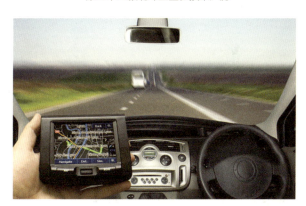

车载 GPS 导航系统

卫星通信信号接收示意图

北斗卫星导航系统取得了哪些应用效益

目前，北斗卫星导航系统在我国得到了广泛的应用，取得了显著的应用效益。

2005年在珠穆朗玛峰高度测量中，测量队员携带了北斗用户机，沿途适时向中国卫星综合数据采集平台发送珠峰的各种气象参数，共获得了几十个不同高度位置的实测数据，为珠峰高度测量登山队获得了第一手资料。

北斗用户机应用于珠穆朗玛峰

2008年年初，在我国南方抗击冰雪灾害中，北斗卫星导航系统发挥了巨大的作用。当时很多通信系统都瘫痪了，由于北斗卫星导航系统具有导航定位、双向通信等功能，所以能及时把最新灾情的发展通报给有关部门，从而为抢险救灾提供了依据。

在汶川"5·12"特大地震的抗震救灾中，北斗卫星导航系统又一次发挥了重要作用。地震发生后，由于汶川原有的通信设备全部遭受破坏，前

北斗导航系统在汶川地震中发挥巨大作用

方和后方在抗震救灾中的联系成为一个大问题，为保障作战部队与前指中心的通信畅通，前线作战部队配备的具有定位、通信和授时功能的北斗卫星导航系统发挥了不可替代的作用。

救灾人员通过北斗导航系统，成功为灾区一线和指挥部建立了实时通信，实现对救灾部队看得见的救援指挥、救援部队实时的短报文通信、救灾部队灾区分布态势、灾情信息实时上报、指挥命令及时下达，架起了有效的信息桥梁，保证了整个救灾的指挥调度，为决策、搜救、医疗等工作发挥了关键作用。

在海洋渔业生产上，利用北斗导航系统建立了海洋渔业综合信息服务平台，实现了向渔业管理部门提供船位监控、紧急救援、信息发布、渔船出入港管理等服务。渔民通过渔船上安装的北斗导航仪，不仅知道渔船的行进航线以及周围渔场的位置，寻找将要到某个位置的鱼群，渔船和鱼群交汇以捕到大量的鱼，还可以发送短信与陆地上的渔船管理部门取得联系，一旦遇到台风或有船员患疾病需要求救时，一条短信就可以报警，陆地管理部门接到信息后就可以及时救援或调集附近的渔船展开互救。通过北斗导航，还可以准确地了解到生产行情，有针对性地制订捕捞计划，选择到哪里捕鱼，捕什么样的鱼。

在水利上，利用北斗导航系统建立了水文监测系统，实现了多山地域水文测报信息的实时传输，大大提高了灾情预报的准确性，为制定防洪抗旱调度方案提供重要的保障。

在电力上，利用北斗导航系统成功开展了电力时间同步应用示范，为电力事故分析、电力预警系统、保护系统等高精度时间应用创造了条件。

在紧急救援上，利用北斗系统的导航定位、短报文通信以及位置报告功能，提供全国范围的实时救灾指挥调度、应急通信、灾情信息快速上报与共享等服务，极大地提高了灾害应急救援的快速反应能力和决策能力。

利用北斗导航系统进行时间传递和时间同步的研究，取得了丰硕的成果，已经在科学、金融、电力及通信中得到广泛应用。

北斗卫星导航系统的成功运行和广泛应用，对于充分利用交通资源，实现交通资源效益的最大化，满足交通行业服务与国民经济建设和社会发展全局、服务于社会主义新农村建设和服务于广大群众的安全便捷的出行具有重要意义。可以说，上至航空航天，下至工业、渔业、农业生产和老百姓的日常生活，卫星导航应用技术无所不在，卫星导航应用已经成为国民经济建设的"助推器"。

2018 年 11 月 19 日，随着北斗三号第 18、19 颗卫星成功发射入轨，我国北斗三号全球卫星导航系统基本系统的部署圆满完成。系统开通运行后，"一带一路"国家和地区的用户将率先享受到北斗三号导航卫星的服务。从 2017 年 11 月 5 日发射第一组北斗三号导航卫星开始，中国北斗卫星导航系统仅用一年多时间就迈出了从国内走向国际、从区域走向全球的"关键一步"。根据北斗卫星导航系统"三步走"发展战略，我国将于 2020 年前后建成北斗全球导航系统，向全球提供服务。

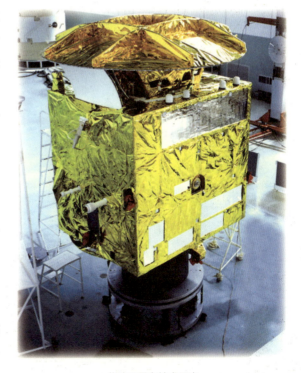

北斗卫星在技术厂房

随着北斗三号的投入运行，其强大的性能让北斗的广大用户格外期待。据悉，相对于北斗二号区域导航系统优于 10 米的定位精度，北斗三号的定位精度将提高 1 ~ 2 倍，达到 2.5 ~ 5 米水平，测速和授时精度也有所提高。

与此同时，服务领域也有所发展，在进一步提高基本导航服务能力的基础上，北斗三号按照国际民航标准提供星基增强服务，按照国际搜救卫星组织标准提供国际搜索救援服务。在全面兼容北斗二号短报文服务的基础上，北斗三号服务容量提升 10 倍，用户机发射功率降低 10 倍，短报文服务能力大幅提升，用户终端小型化、集成化，使用更方便。

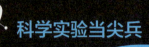

科学实验当尖兵

人造卫星中还有一类以科学实验和技术验证为主要使命的卫星，这就是科学与技术试验卫星。

我们知道，任何技术的发展都要先经试验验证。随着航天任务的增多，对卫星的指标提出了越来越高的要求，怎么知道一项新技术行不行呢？除了进行计算、物理仿真和各种试验验证外，最为重要的就是上天试一试。航天技术的研究试验越来越重要，如果一些关键技术没有经过试验，就直接应用到卫星上，一旦失败，将导致整个卫星报废，损失很大。因此，为提高卫星技术水平，有必要发射专门的卫星，进行新技术试验。

科研人员论证实践一号卫星

实践十号卫星实拍

实践一号科学探测和技术试验卫星

首颗微重力科学实验卫星实践十号

世界首颗量子科学实验卫星墨子号

我国发射过技术试验卫星吗？取得了哪些成果

在我国最早发射成功的卫星里，有大量的技术试验卫星，担负着技术试验验证、科学探测和其他应用等多种科学实验任务。我国以实践命名的卫星系列里，就有许多是肩负着空间科学探测和新技术试验双重使命的。这些卫星除了探测离地球很近的空间、太阳至地球空间和行星际空间的各种自然现象，以及这些现象与地球和大气的关系，为进行科学研究提供数据外，还进行了大量的技术试验，为进行新型卫星设计提供了必要的设计数据。

比如，我国早期发射的实践一号卫星就是空间科学探测和技术试验卫星，这颗卫星主要进行了8个空间技术试验和探测项目。主要是测量高空磁场、X射线、宇宙射线、外热流等空间环境参数，进行长寿命应用卫星的一些关键技术，特别是航天电源技术的试验，观察太阳能电池供电系统、主动无源热控制系统、长寿命遥测识别以及无线电线路在空间环境下长期工作的性能。这颗设计寿命为一年的卫星，实际上在太空中运行了8年多时间，为我国后来设计和研制长寿命卫星提供了许多经验，其中最为重要的是为卫星的电源系统、热控制系统和无线电测控系统的研制开辟了成功的道路。

实践一号卫星

我国实践二号卫星也是科学探测和技术试验卫星，它的主要任务是探测空间物理环境、试验太阳能电池阵对日定向姿态控制和大容量数据存储等新技术。

实践二号卫星携带 11 种探测仪器，其中，磁场计、半导体质子方向探测器、半导体质子半全向探测器、半导体电子方向探测器和闪烁计数器用于探测地球附近空间的带电粒子，预报太阳质子事件，改进无线电通信和导航；长、短波红外辐射计和地球－大气紫外辐射计，用于测量地球和大气的红外和紫外辐射情况，为多种对地观测卫星提供基础辐射数据资料；太阳中紫外辐射计和太阳 X 射线探测器用于探测太阳活动；热电离气压计用于测量高空大气密度，以改进人造卫星轨道设计，提高卫星轨道预报的精度。实践二号卫星取得了多项探测成果和数据，这些成果为空间科学研究提供了资料，也为我国后来的应用卫星设计和研制提供了数据。

实践二号卫星

测试中的实践二号卫星

实践九号卫星进行离子电推进系统在轨点火试验

　　2012 年我国发射了实践九号新技术试验卫星，这颗卫星肩负着多项为新技术应用开路的使命。例如，卫星进行的记忆合金压紧释放装置在轨试验，大大提高了传统压紧释放装置的承载能力，为我国以后进行大型太阳翼、天线等大型部件的研制扫清障碍，填补了我国大型承载记忆合金压紧释放装置在轨飞行的空白。

实践九号卫星在技术厂房

　　在这颗卫星上，科技人员开发的小型磁偏转质谱计首次在轨正常工作增添了一个新的有效载荷，也为相关质谱计产品研发应用奠定了基础，为空间精细化探测提供了技术支撑；实现了双圆锥扫描红外地球敏感器首次成功在轨应用，进一步丰富了我国卫星轨道高度测量的手段，提高了卫星在轨的自主性；进行的微波开关在轨试验，加速了该产品的国产化进程。特别是首次成功进行了离子电推进系统在轨点火试验，实现了我国首台电离子火箭在轨工作，试验结果达到了国际先进水平，这一试验的成功带来了我国卫星研制技术革命性的影响。

实践九号卫星模型

链接

技术试验卫星

在航天技术发展过程中，许多航天新技术、新原理、新工艺、新材料、新方案、新设备等，通常需要先在太空中进行试验，成功后才能投入使用。为航天技术、空间应用技术进行原理性或工程性试验的人造卫星叫技术试验卫星，兼有科学研究与技术试验两种用途的，则称为科学与技术试验卫星。

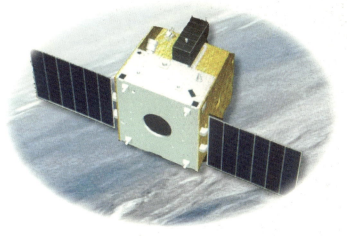

2017年3月3日我国成功发射天鲲一号新技术试验卫星

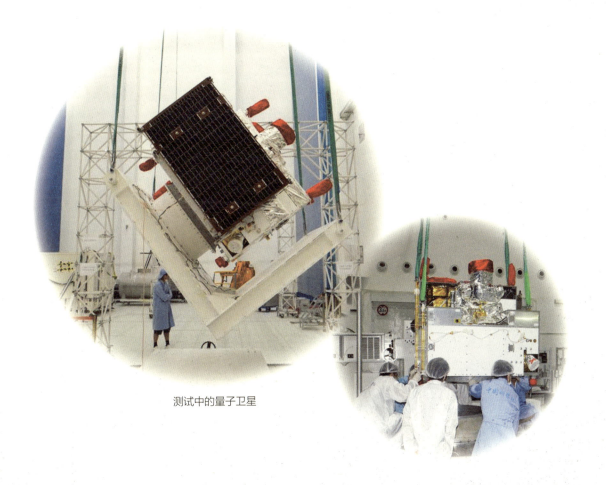

测试中的量子卫星

高分一号卫星

高分二号卫星

高分三号卫星

中国的高分家族——高分辨率的"千里眼"

　　"高分家族"包括高分一号、高分二号、高分三号、高分四号等多颗卫星，形成了时间分辨率从秒级到几十天的全天时、全天候观测能力，可为用户提供高质量1米到400米分辨率的光学红外影像和1米到500米分辨率的合成孔径雷达影像。

　　如今，我国高分卫星数据已应用于农业、环保、林业、海洋等多个领域，为我国国民经济的发展决策提供了科学依据。

高分四号卫星发射前状态

高分四号卫星在技术厂房

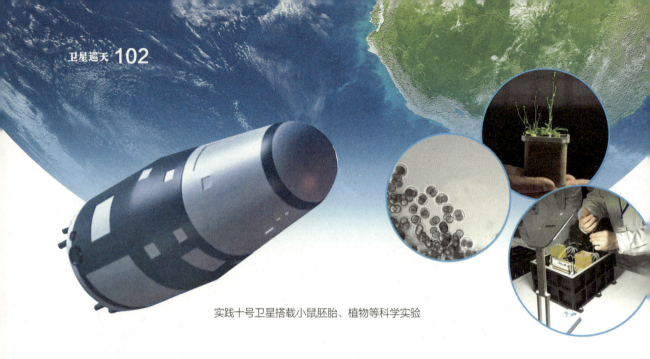

实践十号卫星搭载小鼠胚胎、植物等科学实验

实践十号卫星完成载荷试验

我国科学实验卫星取得了哪些成果

太空为我们展现了一个充满无穷奥秘的广袤世界，引起人们的遐想，利用宝贵的太空资源，生产出地面无法生产的新材料、新药物等，航天大国一直非常向往，并且进行了很多试验。几十年来，航天国家纷纷发射专门的卫星，把实验室搬到太空中，利用太空难得的场所进行太空科学实验，取得了许多令人振奋的研究成果。

工作人员对实践十号返回舱内的搭载物进行拆解

我国发射的返回式卫星在完成对地遥感任务的同时，还进行了各种科学实验，取得了丰富的研究成果。据不完全统计，我国在发射的 24 颗返回式卫星中，共完成 4 次空间生命科学试验，7 次空间材料加工试验，3 次微重力测量试验，900 多件植物种子、微生物、虫卵培养试验，100 多件空间辐射剂量测量，20 多件航天用器件的无源搭载试验。此外，还完成了熔体表面和液固界面特性、空间细胞培养等空间科学试验。

实践八号卫星搭载植物材料

我国发射成功的实践八号卫星，实际上就是一颗科学实验卫星。实践八号卫星是一颗育种卫星，在进行种子太空搭载试验的同时，还进行了 13 项搭载科学试验。其中有中国科学院的物质传质过程、热毛细对流、材料焖烧、导线着火特性、微重力池沸腾、高等植物生长、干细胞培养、星载加速度计、颗粒物质运动学 9 项试验；进行了推进剂剩余量测量等多项试验及中科院紫金山天文台 1 项暗物质探测试验。

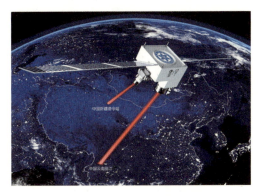

科研人员展示在太空中开花的拟南芥

中国科学院院士、著名科学家林兰英曾经利用我国返回式卫星进行空间材料生长试验，生长出直径和长度各约 10 毫米的掺碲砷化镓单晶体，其生长速度比地面快，杂质明显减少，组分分布均匀，用所获得的单晶制成了低噪声金属栅场效应管，与地面上生长的同类器件相比，噪声系数低 31%，相关增益高 23%，展示了空间生长单晶具有美好的应用前景。

微生物技术是医学领域的基础，与人们的生活息息相关，通过研究环境与微生物生长代谢的关系，并有效地控制微生物的生长代谢过程来获取人类生存需要的多种多样生物质源是一项十分重要的课题。随着航天技术的发展，微生物的生长代谢研究已由地面拓展到空间，由此发展起来的微生物技术有望广泛用于药物合成、医学研究领域展现出人类利用空间环境生产生物制剂的新前景。

研究人员打开实践十号搭载的干细胞培养箱

我国利用返回式卫星进行藻类空间生长试验，获得了固氮能力提高的藻类新品系。这些研究表明，固氮化藻细胞应用于空间生命科学是可行的，不仅为空间生物学效应研究提供了新的方法，而且可能在受控生态生命保障系统和空间生物技术中加以应用。

研究人员从家蚕培养箱内取出实验品

实践十号科学卫星内部

2015 年 12 月 17 日，中国暗物质粒子探测卫星"悟空"成功发射并进入预定轨道。通过高能量分辨和高空间分辨，观测高能电子和伽马射线能谱和空间分布，寻找和研究暗物质粒子，研究宇宙线起源、传播和加速机制。

链接

科学实验卫星

科学卫星用于科学探测和研究，它包括空间物理探测卫星和天文卫星等。这类卫星常用的仪器有望远镜、光谱仪等各类遥感器，用于对天体的观测和地球辐射带、极光等太空环境的探测，如空间探测卫星、天文卫星、太阳观测卫星等。

世界首颗量子科学实验卫星——墨子号

太空育种取得了哪些成果

在人类发射成功的科学卫星中，有不少是进行空间生命科学研究的。据不完全统计，国际上先后搭载植物材料 33 次，占总数的 30.3%，其中俄罗斯 16 次，美国 14 次。这些搭载，使人类对空间微重力、高能重粒子对植物生长、发育的机理和遗传特征的影响等有了初步的认识。美国将番茄种子送上太空达 6 年之久，收回后发给中小学生做种植试验，获得了变异的番茄。俄罗斯曾将枞树种子送入太空，经地面种植后，获得了生长快速的植株。

1987 年 8 月 5 日，为了探索空间条件对植物种子的诱变作用，在我国发射的第 9 颗返回式卫星上，科学家将辣椒、小麦、水稻等一批种子搭载升空，开始了我国太空育种的尝试。我国科学家经过 20 多年的积极探索，经过太空洗礼的种子在江西、广西、黑龙江、甘肃等地安家落户，繁育后代。据了解，1987 年以来，我国利用返回式卫星进行了 15 次、2000 多种农作物空间搭载试验。

一个青椒 8 两重，做好就是一盘菜，在以前不要说看，就是想恐怕你也不敢去想，可是这并非神话。我国农业科学家将经过太空"修炼"的青椒种子，在黑龙江省进行试种和选优，经过几个回合的培养，已产生长势强、高产优质、抗病性强的新品种。

水灵灵的大青椒好像茄子一样大，单个青椒平均重量从使用传统种子种植的 90 克提高到 160 克，有的可达 300 ～ 400 克，亩产可达 4000 ～ 5000 千克，比对照增产一倍以上。病情指数减轻 55% 左右，可溶性物含量提高 25%，维生素含量提高 20%。北国的九月，已至深秋，来到航天育种试验田里，人们看到其他青椒枝叶脱落，只剩下枝干，而经"太空修炼"过的青椒后代却仍叶繁枝茂，生机勃勃。有关部门已在黑龙江省建立了 5000 亩青椒生产试验示范田，广为试种培育。

为解决我国农业生产的优良品种，2006 年 9 月 9 日，我国实践八号育种卫星在酒泉卫星发射中心升空，由此开启了我国发射专门的育种卫星，利用航天高科技手段培育优良农作物品种试验的航程。

几年时间过去了，这些种子到底长得怎么样，育种试验到底取得了什么成果呢？

实践八号航天育种工程的实施，整体上有效地带动了我国航天育种新品种选育与示范。据不完全统计，两年来，项目组先后培育出通过省级以上品种审定（认定）的水稻、小麦、棉花、油菜、番茄、苜蓿等作物新品种、新组合 40 个，其中，7 个通过国家级品种审定，使我国航天诱变作物新品种的总数达到 66 个。新品种累计示范应用面积超过 2500 万亩，增产粮棉油 9.6 亿千克，创社会经济效益 14 亿元。申报或获得发明专利和新品种保护权 34 件。

种子在太空中发生变异的机理又是怎样的呢？目前，有关部门正在做深入的研究，从已认识到的结论来看，科学家认为，空间微重力环境、强宇宙粒子射线辐射和高真空环境给植物种子的"修炼"提供了十分宝贵的场所。

由太空培育的种子生长的农作物

为什么经过太空"修炼"的种子能产生优秀的后代

绕地球轨道上运行的航天器中的物体，既受到地球引力的作用，又受到惯性离心力的作用，这两种力达到平衡，等效于重力消失，只受到其他微小干扰力的作用，而处于微重力状态。此时，航天器里物体的质量只有地面的十万分之一或百万分之一，即使是原先重于泰山的物体，在那里却轻如鸿毛，可以悬浮在空中飘忽不定。

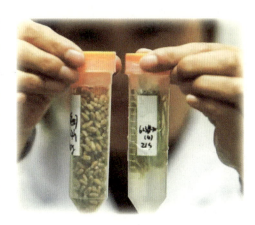

实践八号卫星搭载的太空种子

在那个空间里，空气、水受热后，不会处于上下对流的情况，液体没有固定的水平面，比重不同的液体、混合液也不会出现上下分层的现象。不难想象，这种奇特的无拘无束、毫无压迫的环境，是非常有利于种子发生遗传变异的。另外，宇宙空间处于高真空环境，不仅纯净无污染，而且体积硕大。同时，宇宙空间还具有强烈的宇宙射线辐射。专家认为，正是上述环境和条件，导致种子的遗传密码在排列上发生变化，产生出更有价值的新品种。

专家认为，高新技术应用于农作物育种，可以在较短的时间内创造出优良的种质资源，选育出高产、优质、抗性强的农作物新品种，从而成为振兴农业、提高农民收入的一把"金钥匙"，外部空间可能是人类解决"米袋子""菜篮子"的希望田野。

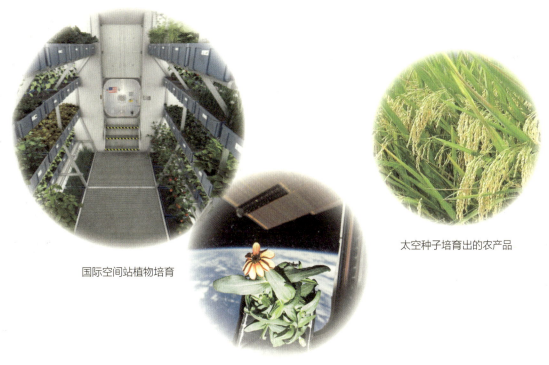

国际空间站植物培育

空间站成功培育出第一株花

太空种子培育出的农产品

后 记

随着我国航天事业的高速发展和取得的辉煌成绩，航天的科技成果和动态已成为全国人民关注的热点，尤其是广大青少年对航天技术表露出浓厚的兴趣。航天院士和技术专家在全国各地宣讲航天知识时也深切感受到孩子们对航天知识的渴望。基于此，《筑梦科技·航天篇》系列丛书得以策划出台。

本套丛书分为《载人航天》《神剑腾飞》《卫星巡天》《九天揽月》和《登天火箭》五册。主要围绕最新的航天科技成果，结合当前人们最关心的航天科技话题，以生动活泼的形式系统介绍航天技术的发展过程和相关知识，并以此为主线，穿插介绍我国航天领域的科技专家。目的是在青少年中广泛宣传"'中国梦'就要通过'科技强国'来实现"的理念，将实现"中国梦"具体化、形象化。丛书通过对航天知识的介绍，使广大读者了解我国航天事业从无到有，从小到大、从弱到强的发展过程以及科学家及广大科技工作者艰辛的奋斗历程，深刻理解科技强国实现"中国梦"的内涵。

在本套丛书的成书过程中，得到了航天科工办公室和中国科学院院士梁思礼、中国工程院院士张履谦的极大关注和大力支持。在选题策划会上，两位老院士不顾年事已高，亲自参加会议，对这套图书寄予了深切希望；航天领域的专家吴国兴、尹怀勤、刘登锐、孙宏金、杨建亲自执笔，并进行了多次修改，保证了图书的专业性和权威性；原中国科普作协秘书长，时任科学普及出版社人物研究所顾问的张秀智老师从选题的提出到稿件的组织提出了宝贵的意见和建议；丛书主编田如森老师参与了策划、设计、审稿全过程，对图书的出版倾注了大量心血和精力；负责排版的徐文良老师不辞辛劳，一遍遍不厌其烦地修改完善版式设计，花费了大量时间……在此向他们深表感谢！正是由于大家的共同努力，才使本套丛书得以顺利出版。另外，本书编写中参考了《中国航天报》《中国航天》《太空探索》《国际太空》等报刊上的有关文章，以及《当代中国的航天事业》等书籍，感谢南勇、田锋、秦宪安、张贵明、吴国兴、邱乃勇、张贵玲、张彧、田奕、林巧英、张旭明、张淑芳等提供资料，同时感谢中国宇航学会的帮助和支持。

本套丛书在内容上不求"面面俱全"，不求知识层面上"大的系统性、完整性"，而要做到"答疑而有趣"，就某一个问题进行系统性的讲解，且知识深度适宜；在版式上坚持以图为主，多用真实图片来普及航天知识。由于出版时间有限，错误和缺陷在所难免，希望读者和专家不吝赐教。